植烟土壤维护与生物炭改土应用研究

殷全玉　著

中国建材工业出版社
北　京

图书在版编目(CIP)数据

植烟土壤维护与生物炭改土应用研究/殷全玉著. 北京:中国建材工业出版社,2024.6.--ISBN 978-7-5160-4211-3

Ⅰ.S572.06

中国国家版本馆 CIP 数据核字第 2024XJ8156 号

植烟土壤维护与生物炭改土应用研究
ZHIYAN TURANG WEIHU YU SHENGWUTAN GAITU YINGYONG YANJIU
殷全玉 著

出版发行:中国建材工业出版社
地　　址:北京市西城区白纸坊东街 2 号院 6 号楼
邮　　编:100054
经　　销:全国各地新华书店
印　　刷:北京印刷集团有限责任公司
开　　本:710mm×1000mm　1/16
印　　张:10.25
字　　数:138 千字
版　　次:2024 年 6 月第 1 版
印　　次:2024 年 6 月第 1 次
定　　价:65.00 元

本社网址:www. jccbs. com,微信公众号:zgjskjcbs

本书如有印装质量问题,由我社事业发展中心负责调换,联系电话:(010)63567692

前言

烟草(晒晾烟)传入我国时间,原称为明朝万历年间(1573—1620年)。据推断,烟草于明朝正德九年(1514年)首次传入广东和广西。晒晾烟何时传入山东,无准确材料可考,但山东所产"沂水绺子""担埠烟""兖州鼻烟"和"安丘捂烟"等,历史上则颇具盛名。烤烟是一个劳动密集型、广大农民致富的支柱产业。烤烟是卷烟生产的主要原料,烤烟质量直接影响卷烟质量。随着国家经济计划的调整,在控制烤烟种植面积的条件下,提高烤烟的品质显得尤为重要。

我国一些地区如云南、广东等省种烟历史悠久,有得天独厚的自然条件,其中土壤是烟草生产的重要生态条件,植烟土壤的类型、物理化学特性、有机质及各种矿质营养元素的含量等,对烟草的产量,品质及香吃味都有很大的影响。同一类型或同一品种的烟草在不同的土壤生态条件下种植,其产量及内在品质会有很大的差异。由于化肥的连年大量施用、有机肥用量的减少和复种指数的增加,烟田土壤质量出现了退化,包括土壤物理性状、化学性状和生物学性状,直接影响并限制了烟叶品质。提高烟叶内在品质是当前及今后烟草生产中需要尽全力解决的重要问题,合理利用土壤资源,才能走烟草农业可持续发展的路子。

本书是作者在参阅国内外有关植烟土壤文献资料、专著的基础上,结合植烟土壤教学和科研实践编写而成的,在此向相关作者表示诚挚的谢意;在本书编写过程中得到了校领导、同仁们的帮助,谨向他们表示衷心的感谢。

由于水平所限,书中难免存在疏漏,敬请广大读者不吝指正,以期更好地服务于烟叶生产。

目录

第一章　导言

烟株种植的土壤条件对烟株的生长发育和质量都会产生影响。因此，合理的土壤条件和物理特性是保证烤烟质量的关键。在划分烟区时，如何科学选择合适的土壤条件，是烟区品质分区的主要理论依据。目前，在当前领域，国内外学者对该议题进行了大量探讨，但是，受到研究范围的限制，目前尚未产出系统性、综合性的理论成果。因此，在不同地区，强化烟草种植的土壤品质问题，具有十分重大的现实意义。

由于种植烟草的土壤条件比较复杂，在不同的环境中，土壤条件的基本特征也存在较大的差别，因此至今尚无系统数据证实研究与分析的科学性。分析烟株肥力、化学性状、类型和质地，可以为烟区烟叶的质量控制提供科学依据。

土壤是烟草生产的重要物质基础，适宜的土壤和气候是合理安排、培育高品质烟草的重要前提。[①] 要想生产优质的烟叶，必须具有优质的土壤，疏松的耕层、良好的通气、适宜的土壤田间含水量、土壤有机质 0.9%～1.2%、pH 值 5.5～6.8、速效氮 40～60mg/kg、速效磷 5～15mg/kg、速效钾 120～200mg/kg、氯离子含量低于 30mg/kg 等是生产优质烟的重要土壤条件。

近年来，随着化肥施用量的增加，烟区土壤复种指数居高不下，加之缺乏良好的培肥地力措施，土壤营养供应不均衡，土壤环境恶劣，造成烟株生长前期叶片扩展慢，生长后期土壤持续释放氮素，烟叶叶片增厚，烟碱含量及含氮化合物增加，糖含量、香气量和工业可用性相应降低。在这

① 杨义三. 玉溪烤烟土壤管理与施肥[M]. 昆明：云南科学技术出版社，2008.

种情况下，无论当季如何协调肥料中的微量元素，土壤与烟株之间的矿质营养总是难以平衡，造成了烟叶化学成分失调，使烟叶香气量较低。烟株营养失衡是我国目前烟叶生产中的主要问题，要想从根本上改良烟叶品质，必须为烟草的生长发育创造一个良好的生长环境，尤其是一个良好的土壤环境，均衡土壤对烟株的营养供应更是至关重要。

第一节 植烟土壤对烟叶品质的影响

一、土壤的基础概述

土壤是孕育万物的摇篮："万物土中生，有土斯有粮""以食为天，食以土为本"。可以说，人们几乎天天与土壤打交道，但是由于人们利用它的角度、方法不同，因而对它产生的认识也就不同，也就相应地出现了许多定义。

(一)土壤的概念

各国学者曾对土壤下过很多不同的定义。例如，抱有地质学观点的学者把土壤看成陆地表面由岩石风化产生的表土层；抱化学观点的人则认为土壤是含有有机质及矿物质养料的风化层；而抱物理学观点的人却认为土壤是具有一定形态，颜色及层次分明的固体、液体及气体的混合物；搞建筑和工程的人认为土壤是建筑的基础和工程的材料；环境科学家认为土壤是重要的环境要素，是环境污染物的缓冲带和过滤器(具有吸附、分散、中和、降解污染物的能力)，也可能是环境污染物的来源地；生态学家认为土壤是一个生态系统或者所有陆地生态系统的一部分；环卫工人认为土壤是一种污垢和灰尘。这些定义都是非常片面的，他们只提到了土壤的部分性质，而没有接触到土壤的实质。

苏联土壤学家道库恰耶夫对土壤的发生，发育经过仔细研究后，首先提出土壤是自然成土因素共同影响下发育起来的"历史自然体"。所谓历史自然体的意思，即指土壤是客观存在于自然界并有其发育历史过程的自然物体。苏联近代土壤学家威廉斯在总结了前人研究成果的基础上，对土壤下了一个较精确的定义。他说，土壤是地球陆地上能够产生植物收获物的疏松表层，肥力是土壤极其重要的性质，是土壤的本质特征。这个定义不但说明土壤在自然界的位置，而且说明土壤的本质是肥力，正是由于土壤具有其肥力。因此才能在其上生长植物。

农业科学家强调，土壤是地球陆地表面能够生长植物的疏松层，具有提供并协调植物生长所需的水分、养分，空气和热量的能力和环境条件的能力。

(二)土壤的特征

正确认识土壤，掌握土壤的特征，首先应认识以下几个基本观点。

1.肥力是土壤特有的本质

土壤既然是存在于自然界中的物体，必然具有很多性质，如颜色，比重，质地等等。但是这些性质不仅土壤所具有，其他自然体也具有。只有肥力是土壤所独有的性质。因此，肥力是土壤和其他自然体区别最明显的标志。

2.土壤是环境的产物

土壤有它自己发生，发展的过程。环境因素以及环境变化必将对土壤产生深刻的影响，土壤也是影响人类生存的三大环境要素（大气，水和土壤)之一。因此调查研究土壤一定要把土壤与周围环境当作一个整体考虑，不但要时刻注意环境对土壤的影响，也要注意土壤对环境的可能影响。土壤在其容量范围内可吸附、分散、中和、降解污染物；如果超过了土壤的环境容量，也可能对大气、水体、食物链等产生二次污染。

3.土壤是一个独立的历史自然体

土壤不是简单的混合物，由于独立存在于自然界中，因此受自然界规律的支配。

4.土壤是一个生命体

土壤不但具有同化和代谢功能，也具有自动调节能力。土壤的这种净化能力和自动调节功能，是维持土壤生态系统相对平衡的基础，是人们在利用土壤过程中不可忽视的基本属性。

(三)土壤分布规律

由于生物气候条件的作用,热量带和植被带呈现有规律的更替,土壤类型也发生相应的更替,呈现有规律的分布,包括水平地带性分布规律、垂直地带性分布规律,区域性分布规律等。

1.水平地带性分布规律

(1)纬度地带性分布规律

地表上的热量与太阳辐射随着纬度的变化也在发生变化,呈现出规律性的、从南到北的变化,致使很多因素也按照纬度的方向呈现出规律性的、从南到北的交替,如土壤的类型、性质以及生物和气候等。我国东部的大陆土壤呈现出从南到北的变化,按照顺序依次为砖红壤、赤红壤和红壤,黄壤、黄棕壤和褐土,棕壤、暗棕壤和黑土。

(2)经度地带性分布规律

因为地势和山脉的影响以及海陆位置的不同,降雨量与温度在空间分布上也有所不同,致使在同一纬度上,水热条件和土壤的类型与性质由沿海至内陆、由东至西,都在随着经度的方向而有规律地发生变化。我国大陆的大气湿度从西至东逐渐增加,干燥度逐渐减少。北部温带的水平土壤从西至东依次为:漠境土壤、灰漠土、棕钙土、栗钙土、黑钙土、黑土和暗棕壤。

2.土壤垂直地带性分布规律

山区的温度随着海拔的升高而慢慢降低,热量从山麓到山顶,展现出从下至上的规律性变化,土壤的类型和性质以及成土的条件也因此展现出从山麓到山顶,从下至上的规律性变化,这也就是土壤的垂直地带性分布规律。

土壤垂直的地带性分布规律与水平的地带性分布规律又叫土壤的显域性分布规律。

3.土壤的区域性分布

很多因素都会影响土壤,如人的活动、局部的地形、母质、地质和水文等，导致局部范围内土壤的类型分布有土壤的隐域性分布或者土壤的区域性分布。

二、土壤类型对烤烟生长发育的影响

总体而言，烟草植株的生长需要透水性好、深厚、肥沃的土壤。疏松的沙质土壤排水性好，山坡丘陵含有丰富的沙质土壤，可以为烟草植株的生长提供理想的土壤条件。尽管山坡丘陵的高度会对烟草植株的生长产生不利作用，但是，只要山坡丘陵的高度控制在1500～1800m，那么生长在此处的烟草植株都会拥有比较好的烟叶产量和质量。当山坡丘陵的高度达到1830m以后，烟叶产量就会大幅下降，质量也会随之下降。其中有海拔不同造成的生态差异影响，但是土壤类型也起着重要的作用。在不同岩石条件下生长出来的烟草植株，质量方面会存在很大的差异，这是因为土壤中微生物、矿物质、营养元素的含量存在差异，使得石灰岩和紫泥岩混合在一起的干地和稻田中生长的烟草植株形成的烟叶口感相对来说更好；麻沙泥田以花岗石为基础，在麻沙泥田土壤条件下栽培的烟叶质量较差，烟叶口感也不如以石灰岩和紫泥岩为基础的土壤。以烟叶产量、产值、外观品质和分级比重作为比对条件，在黄壤土、水稻土、石灰土、紫土等土壤条件下种植出来的烟草植株，化学组成方面差异较小。但是以感官质量为比对条件，会发现除了在水稻土里种植的烟叶，不同品种的烟草植株会普遍存在较大的差异。水稻土与黄壤土、水稻土和石灰土的差别较大，其他性质的土壤差别很小。综合来看，黄壤土、紫红土、石灰土等旱地种植烟叶的效果较好。部分学者指出，在烟草的品质上，红土、红色黄土地、黄土地、油砂、两合土、黑土的土壤肥力效果依次递减。然而，关于何种土壤最适合种植烟草，学术界并未达成一致共识，而仅靠个人研究很难得出令人信服的结果。因此，关于土壤类型对烤烟生长发育的影响，此方面的工作还有待进一步深入。

三、土壤质地对烤烟生长发育的影响

虽然在划分的尺度上，土壤的纹理类型和种类不尽相同，但是大体上可以分为砂质土、壤土和黏性土三种类型。沙土类型的土壤颗粒之间存在较大的孔隙度，毛管道内部具有良好的通风效果和透水率，而且管道内部的排水能力较好，不容易造成有害物质的累积。因此，沙质土壤很难维持水分含量固定不变，不断蒸发的水分使得沙质土壤容易变得干燥，不能发挥抗干旱功能。此外，沙质土壤的保肥力较弱，这是由于沙质土壤的透气性能卓越，能够实现营养物质的迅速供给和转换，导致土壤无法及时吸取营养物质。因此，沙质土壤肥力较低，为农作物供给营养物质的状态并不稳固。另外，由于沙地通风条件好，进行有氧呼吸的微生物比较活跃，因此土壤中的有机物容易被降解，从而形成有利于烟草植株生长的营养物质。所以，与泥土相比，沙地中的普通有机物质含量要低。沙地的热容较低，而且日温差较大，石英作为沙土中最重要的母质矿物，自身营养物质的水平较低。沙质土壤中种植的烟叶比较细，烟叶中的烟碱成分偏少；烘焙后的烟草具备可燃性，色泽浅，香气清淡，烟叶的质量水平也不高。

黏性土壤颗粒之间的空洞非常少，大部分是微孔和无用孔隙。因此，黏性土壤的渗透率低，容易形成地面径流量；黏土的内部排水缓慢，容易受到水中微生物的侵蚀，并会累积大量的还原性有害成分。黏土的渗透率低，使得生活在黏土中的好氧微生物的活性降低，从而使好氧微生物的降解速度变慢，容易在土壤中形成沉积，因此，好氧微生物成为土壤养分的主要源泉。黏土具有良好的保水性、高水分、高热量、昼夜温差低等特性。在烟草植株的幼苗时期，土壤温度低，含氧量低，有效养分含量低，导致烟草幼苗发育迟缓；而到了中后期，由于肥力大、水分充足、养分充足，部分烟草植株会出现早熟现象。黏土中含有大量的矿物质，特别是钾、钙、镁等，并且与土壤中的黏性物质含量成正比，这是因为黏性土中含有大量的营养成分，而黏性土又具有极佳的吸收性能。因此，黏性土中的矿物质营养成分和化肥的利用率都维持在较低水平。烘焙后，黏土中生长的烟草中的氮素成分较多，色泽较暗，质量较差。

总之，在农业生产活动中，土壤的土质结构对于烟草植株的生长具有十分重要的作用。由于沙质土壤中沙质颗粒的比重适度，同时兼具了沙质与黏土的优势，因此拥有数量丰富的毛管孔隙，具有优良的透气性和保肥性，克服了沙土、黏土等土壤水分含量适中、土壤质地稳定、不易黏结、耕作性能优良等缺陷。在沙质土壤上栽培烟草植株，将成熟的烟草植株采摘加以烘焙后，最终的烟草成品油分足，色泽金黄，有油润的光亮和弹力，因而质量更佳。

四、土壤肥力对烟草生长及烟叶品质的影响

(一)土壤肥力概述

狭义的土壤肥力概念对词义和内涵的诠释明确而简洁:肥便是营养或养分，力则是指养分的贮量或供给能力；因此也可简单地说，土壤肥力就是土壤供给养分的能力。由这一狭义概念引申出关于土壤肥力研究的内涵也便比较专一，主要包括研究土壤中养分的含量、存在形态、对植物的有效性和供给力、影响土壤养分供给力的因素以及土壤养分及其供给力的调控管理等。

广义的土壤肥力概念通常把土壤的水、肥、气、热等诸多因素一并考虑在内并注意到土壤物理的、化学的和生物学的诸多属性对土壤肥力的作用与影响，因而是综合观点基础上认识土壤肥力的一种学说。

(二)土壤肥力对烟草的影响

有机化合物是影响烟草产量的主要因素。从总体上看，对农作物来说，土壤肥力好、含有的有机物多，有利于提高农作物的收成。土壤有机物除了包含多种养分外，也为土壤的生物活性提供了能量，并对土壤水分、肥力效果、气、热等因子起到了很好的促进作用。土壤中含有的微生物，可以改变土壤的物理性质、化学性质和可耕地性能。对于烟草植株来说，在特定的条件下，土壤中的有机物对烟草植株的生长总体有益，但如果过量的话，则会导致叶片自然发黄、脱落、散发出刺鼻的味道；如果温度太高，则会导致植株变短，叶片变细，香味变得清淡，从而影响烟叶的外形和质量。土壤有机物是影响烟草植株质量的重要因素，土壤有机物对烟草植株的养分供给以及烟碱、总糖等内部物质的生成发挥着重要的协同

作用。另外，土壤有机物对烟叶的物理特性也有一定的促进作用，对烟草植株的生长会产生特定的不利作用。在一定程度上，由于土壤中的有机物浓度较高，在烟草植株生长的早期阶段，必须使用足够多的氯，才能促进烟草植株的迅速生长。然而，烟叶中的氮素代谢水平会逐步降低，碳元素的累积代谢量反而会逐渐增加。有机物含量的升高，在一定程度上会改变土壤的物理特性和化学特性，从而导致烟草中的氮元素含量升高，烟叶中的总糖和还原糖含量明显降低，从而对烟草的质量产生不利的影响。在一定程度上，土壤中的有机物水平较低，这在一定程度上降低了土壤中有机物的生物活性。就我国的种植烟区而言，多数地区的土壤中存在着大量的有机物，这削弱了烟叶种植区土壤的物理性能和化学性能。

由于烟区的土壤有机物种类及气候状况存在一定的差别，北方烟区能达到 10～21g/kg，南方烟区能达到 15～32g/kg。因此，随着烟区有机物的累积，烟叶的质量能够实现显著改善。有机肥能够提高土壤的有机物含量，改善土壤的理化性质，提高土壤微生物的活性，构建合理的团粒结构，为烟草植株的成长提供更多的营养物质。然而，关于是否将化肥用于烟叶生产的问题，目前学术界还普遍存在着争议，有些国家，比如美国，没有施用化肥，而烟叶的质量也不错。土壤有机物在降解和释放养分的过程中，会受到多种因素的制约，制约效果通常很难预测和调控，而在国内一些地方，施用有机肥后，烟草的质量要明显高于单纯施用肥料的烟草。原因在于随着时间的推移，土壤的有机物也会逐渐减少，从而导致土地变得愈发贫瘠，而施用有机肥料就能解决上述问题。因此，很多国家和地区都会把有机肥料和无机肥料结合起来使用，以提高烟叶的品质。

肥料包括氮素、磷素和钾素三大类型，三种肥料元素共同参与了烟草植株的生长过程，对于改善烟叶质量，具有十分重要的促进作用。

烟草需要元素的种类虽然很多，但需要量最大、要进行大量补充的通常又是氮、磷、钾三种元素，即“三要素”。以下仅以氮素、磷素和钾素为例进行简要分析。

1. 氮素

与磷素和钾素相比,氮素对烟草生长发挥的作用更大。具体来说,氮素不仅对烟草植株的生长有很大的影响,而且对烟叶吸收营养物质的能力,以及提高烟叶中的氮素水平也有很大的影响。烟叶中的氮素含量水平太低,导致烟叶劲道不够,吃起来味道清淡,香味不浓。适当提高烟叶中的氮素含量水平,有利于增强烟草有效成分的实际效果。从这一点上也可以看出,施用于土壤中的氮素肥料并非最好的氮素来源。土壤氮素含量越高,烟草植株就会长得越高大、叶片变厚、主脉粗壮、组织松散、品质提高。氮素的缺乏则会导致烟草生长迟缓、叶色黯淡、叶片缩小、植株矮化、产量降低、质量下降。适当施用氮肥可以使烟草植株生长健壮,叶片大小和厚薄适度,叶片结构紧凑、色泽鲜亮,在成熟时能够表现出较好的变色效果。在施用氮肥时,铵态氮通常会在微生物的作用下转变成硝态氮,从而被烟草吸收;但是,如果施用大量的有机氮肥、硫酸铵、尿素,或者是微生物转化缓慢,那么烟草就会因为氮素不足而吸收过量的铵,从而导致植株中毒。

2. 磷素

烟草的磷素在三种主要养分中所占比例最低,但能加速糖类的合成和转化,在烟草的生理机能及代谢方面发挥着无可取代的功能。土壤施加磷肥能使烟草植株提前发芽,促使烟草植株迅速生长,能够增强烟草植株的抗倒伏能力,使烟草植株的色泽变得更加鲜亮,并能使烟草植株更快地成熟。在整个生长周期中,烟草植株吸收磷素的速度基本维持恒定。因此,为了保证烟苗的正常发育以及烟叶的质量,需要对烟草植株小剂量连续施用磷素。在土壤缺乏磷素的情况下,烟草植株的生长速度比较缓慢,叶形较窄,颜色呈深绿色,成熟延迟,香气变淡,质量降低。在土壤过量供给磷素的情况下,烟草植株的叶子会呈现出绿色,而烟叶则会因肥力过剩而老化易碎,从而导致烟草提前成熟,产量急剧下降。合理施肥能加速烟草植株的生长发育进程,从而缩短烟叶的成熟期,扩大叶表面积,从而提高烟草植株的产量。尽管磷素不能直接改善烟草的质量状况,但是缺乏磷素必然导致烟草质量下降。

3. 钾素

国内烟草中钾素的平均水平比国际上的高质量烟草要低，国内通常不会高于 2.6%，而在国外，高品质烟草的钾素值则高达 4.0% 甚至 6.0%。钾素可以改变烟碱、有机酸、蛋白质、氨基酸等的生物成分，与此同时，钾肥对烟草香味质量的影响也比较显著，可以直接优化烟草的可燃性状况，降低烟草燃烧时的火焰温度，并且能够减少烟雾中有毒物质的排放，从而提高烟草产品的安全使用水平。在适当施加钾素的条件下，烟叶组织纹理清晰可见，香气浓郁，光泽度好，燃烧性好，能促进烟叶中干性成分的积累，增大烟叶的面积，拓展烟叶的厚度，从而改善烟叶的产量和质量。在钾素含量较低的情况下，烟叶产生皱纹，烟叶组织结构会变得粗糙，失去弹力和油脂，可燃性降低。因此，适当地施用钾素肥料可以减轻烟叶质量下降的状况，这充分说明钾素对烟草植株的产量和质量发挥着极大的促进作用，为了提升烟叶品质，应该适当地提高对烟草植株施加钾素肥料的比例。

五、土壤化学性状对烟草生长及烟叶品质的影响

（一）土壤 pH

土壤的 pH 值作为物理特性的呈现手段，能够显著地促进土壤营养物质的高效利用，并能促进植物的生长。种植烟草植株的土壤 pH 值范围很大，在 5.5～7.8 的范围内都能保证烟草植株正常成长，但是，最有利于烟草植株生长的土壤 pH 值范围是 5.5～6.5，高或低都会对烟草植株的质量和产量产生不利的作用。土壤试验的结果表明，对土壤进行酸化，可以提高钾、锌、硼的利用率，降低镁、钙对钾的抗性，从而改善烟草植株的营养成分存在状况，提高烟草植株的生长能力，优化烟草植株的产量和质量。总体来说，烟草中钙的水平与土壤 pH 值存在着显著的关系，而烟草叶片中钙元素的摄入量则随着土壤 pH 值的升高而增大，而部分元素过量则会影响烟草的质量。在相同的环境条件下，不同的试验结果表明，

在酸性土壤中,焦油含量要比同等环境条件下烟叶焦油的含量低 20%,pH 值较高的土壤不适合栽培烟草植株,而在土壤 pH 值较弱的环境条件下,烟草植株中的尼古丁浓度呈上升态势,烟叶的含糖率和盐碱水平趋向失调,并最终造成烟叶质量下降。

(二)微量元素

微量元素对烟叶的生长影响很大,对烟叶的多种酶有很强的抑制作用,对烟叶蛋白的形成也有影响,钙、硼、硫、锌、银、硒等微量元素是影响烟叶质量的关键元素。但是,如果土壤中的微量元素含量太低或太高,或者土壤中的一些元素无法被烟草植株消化,则会导致烟草植株的功能紊乱,阻碍烟草植株的正常生长,从而导致烟草植株的抗病能力下降,进而影响烟叶的质量和产量。

中国北方有大面积土壤缺锰、锌、铁;东部有大面积土壤缺硼;南、北有相当部分的土壤缺钼;盐渍化土壤和南方酸性水稻土分别有硼和铁的过剩引起的毒害问题;唯有铜的问题不大。

1. 镁元素

镁元素在烟草植株的新陈代谢和糖类物质形成过程中扮演着非常关键的角色。缺乏镁元素会使烟叶的光合速率下降,吸收二氧化碳的能力降低。施用钾肥时,与镁肥搭配,能明显改善烟草植株的生长状况,降低烟草植株受病虫害侵袭的可能性,并能明显改善烟草植株的产量和质量,增加烟叶的经济价值。

2. 硼元素

我国是世界上缺硼最严重的国家。根据全国第二次土壤普查数据,土壤缺硼面积多在 40%以上。微量元素中,硼缺乏最严重。全国耕种土壤缺硼面积多达 5 亿～10 亿亩,主要分布于中国东南部地区(长江中下游)和黄土高原、华北平原、淮北平原。贵州、四川、湖北、湖南、安徽、江苏、江西、云南、河南、陕西、广东、福建、广西、吉林、河北、山东、山西等耕地缺硼比例均大于 60%。南方土壤由于成土母质中硼的含量较低,有效硼的缺乏更加严重。例如浙江省缺硼土壤占 88%,贵州省缺硼面积在

96.8%，四川省土壤缺硼90%以上，江西省有98.4%土壤缺硼。

东南部岩浆岩上发育的砖红壤、赤红壤、红壤等的全硼和有效态（水溶态）硼量都很低。北方黄土母质上发育的土和黄绵土以及黄河冲积物上发育的黄潮土的全硼含量中等，有效态硼量偏低（<0.5mg/kg）。华北的一些石灰性土壤或过量施用石灰的土壤，由于pH值过高，出现诱发性缺硼。黑龙江省某些低洼地土壤，由于富含有机质，常常缺硼。从东北向西南作一对角线，低硼和缺硼土壤分布在该线的右侧；左侧则过渡到内陆干旱、半干旱地区的富硼土壤。海相沉积物上发育的土壤和内陆盐渍化土壤可能因硼过剩而产生植物毒害。

硼元素是烟草植株生长必不可少的重要营养物质。硼元素虽然不是农作物中多种有机物质的主要构成成分，但是可以增强农作物的一些重要的功能，如：硼元素供给充分，植株发育旺盛，种子丰满，根结实，可确保高产；相反，由于缺乏硼元素，作物的生长发育会导致作物品质降低，从而降低作物的产量；硼元素对烟草植株的生长发育具有重要的影响，在缺少硼元素的情况下，农作物很有可能颗粒无收。首先，硼元素可以促进糖类代谢，而在烟草植株中，硼元素含量适当，可以改善作物组织中的有机物质供给，有利于植株的正常发育，增加果实的结果率。其次，硼元素对植物的受精过程也具有特别的影响。硼元素在花粉中的数量当属柱头和子房最高，能刺激花粉的发芽率，促进花粉管的延长，有利于传粉。在植物缺乏硼元素的情况下，花药和花丝都会枯萎，不能产生花粉，导致花色不饱满。在烟草植株中，硼元素可以调控有机酸的生成过程，缺乏硼元素会导致根系中的有机酸蓄积，从而使烟草植株的根系产生木质毒素，导致根系缺水死亡。此外，硼元素还具有提高作物抗旱能力、抗病能力、加速作物成熟的功效。土壤是农作物吸收硼元素的主要来源，而硼元素含量则是促进农作物生长的关键。相关数据显示，全国的土壤含硼量维持在0～500mg/kg水平，平均为64mg/kg，而0.25mg/kg以下，则表明硼元素重度缺失。

影响土壤硼元素有效发挥作用的主要因素有以下三个：第一，土壤的

pH 值含量。通常情况下，土壤的 pH 值维持在 5～7，pH 值大于 7 的土壤，通常是碱性的石灰质土壤。在较高水平的 pH 值条件下，三价铁和黏土矿物能有效地吸收和固定水溶性硼；在酸性土壤中，尽管有效硼的浓度很高，但是很易发生浸泡与侵蚀。在南部盐渍化程度较高的土壤中，尤其是在砂土中，也存在着缺硼的显著现象。第二，土壤有机物的浓度。在有机物富足的情况下，土壤中的有效硼含量较高，这是由于与有机物相连接或吸附在一起的硼元素更多，一旦有机物被降解，硼元素就会被释放出去供给农作物。第三，干旱多雨的天气环境容易导致土壤中的有效硼浓度降低。干旱使土壤中的硼元素吸附能力增强，在干旱条件下，土壤中的硼元素形成不能溶解的物质，导致有效硼含量降低；降雨及淹水过程中，由于水分流失，导致土壤中的硼含量降低。

3. 硫元素

土壤中含有高浓度的硫元素容易限制烟叶的生物量，降低烟叶的品质。在烟草植株中，硫元素可以发挥蛋白和酵素的双重功能。硫元素能调控烟叶中发生的氧化和还原反应，并能清除某些重金属对烟草的生物毒性。通常，硫元素随着钾肥被加入土壤中，国内许多地方都以硫酸钾作为主要肥料。总之，我国的硫化物主要来自过磷酸钙、硫酸钾、硫酸铁、有机肥以及空气中硫元素的沉淀等。然而，就烟草而言，目前国内仅有一种钾盐可供选用。硫酸钾肥是一种生理酸性、化学中性的化肥，将硫酸钾施用于酸性的土壤中，会导致特定地区的土壤变为酸性土壤。这种肥料对石灰质土壤来说利大于弊，因为烟草植株属于“忌氯”农作物，不能在土壤中大规模施用含氯复合肥，这为钾盐化肥的普及与应用创造了得天独厚的条件。此外，钾盐化肥价格过高，使得硫酸钾肥很少被用作烟草植株的主要肥料来源。为此，在不同种植区域适当均衡施肥十分必要。这样可以在一定程度上提高烟草的硫元素含量水平，同时降低烟草植株的钾元素含量水平，从而明显改善烟草的质量和经济效益。

4. 锌元素

锌缺乏亦主要分布在北方石灰性土壤区，主要土类为黄绵土、土、黄潮土、褐土、栗钙土、棕钙土、灰钙土、黑色石灰土等。四川的碳酸盐紫色土和湖北、湖南、江苏、安徽一带的石灰性水稻土，以及各地的盐渍型水稻土亦明显缺锌。这些土壤的有效锌含量一般低于0.5mg/kg(DTPA)或1.5mg/kg(0.1mol/L HCI)。

锌元素是一种非常重要的微量元素，对烟草植株的生长发育具有十分重要的作用。锌元素与氮素的代谢有关，缺锌时，烟草植株体内的色氨酸含量会下降、酰胺化合物水平会升高、氨基酸总量会升高，氨基酸浓度升高会形成植物蛋白，并对烟叶的发育产生不利的影响。锌元素可以影响烟草植株体内的活性酶，这些活性酶包括谷氨酸脱氧酶、碳酸酐酶、细胞色素氧化酶、肽酶等酶，锌元素对蚕丝氨酸酶、氨基酸酶、航酶、肽酶等酶的活力有一定的促进作用。同时，锌元素也与叶绿素的形成以及叶绿素的稳定状态有关。在烟草植株缺乏锌元素的情况下，烟叶会发生黄化。锌元素与烟叶的光合作用存在着显著的相关性。锌元素能够提高烟草叶片细胞的呼吸能力，增加烟叶中的糖类和蛋白质含量，并能改善烟草植株根茎的生长和发育状况。锌元素能够促进烟草植株体内的糖代谢过程，若缺乏则会引起烟草植株体内无机元素的堆积，从而造成烟草植株新陈代谢过程的停滞。锌元素与其他有机物结合后，可以促进糖类的合成和转运。锌元素主要分布于莲尖、幼叶、根尖、种子及输导管等部位，与生育层的活性有关，并能加速愈伤组织的生长。锌元素对花粉萌发、花粉管伸长、授粉受精及增加单果量有一定的促进作用。提高烟草植株枯萎时的束缚水量，烟草植株的耐干旱性、抗坏血酸水平、抗病能力和抗寒性能都能得到有效增强。土壤中的有效锌元素主要由水溶态、螯合态、代换态等形式组成。以代换态和稀酸性溶解态为存在状态的锌元素，一般都是以二价态的形式出现。

5.钼元素

我国土壤含钼量范围为0.1～6mg/kg，土壤中的钼主要来自含钼矿物，如解铜矿、橄榄石，土壤中钼的含量与成土母质有一定关系，由花岗岩发育的土壤中合钼量较高，而由黄土母质发育的含钼量较低。

北方大面积发育于黄土母质或受黄河冲积物影响的土壤明显缺钼，全钼和有效钼量均较低，后者多低于0.10mg/kg。南方红壤等酸性土壤全钼量较高，但钼被铁、铝氧化物吸附固定，有效性低，也存在缺钼问题。

在烟叶中，由于钼元素是硝酸还原酶的关键成分，因此钼元素可以活化烟叶中的硝酸还原酶，从而增强硝酸还原酶的催化活性。钼元素缺失将导致烟叶中的硝酸还原酶活力下降，造成烟叶中的氮元素大量堆积，同时也将导致烟叶中氨基酸、蛋白质的含量急剧下降。研究结果表明，烟叶中的叶绿素、还原性糖类物质的含量下降，将直接导致烟叶光合作用能力的直线下降。

6. 硒元素

硒元素是一种对烟草植株生长非常重要的微量元素。增加烟叶中硒元素的含量，可以有效地降低烟草对身体造成的伤害。在适宜的条件下，土壤中的硒元素能增加总糖和还原糖的含量，从而改善烟草的质量。土壤中硒元素最适宜的浓度为0.55～10.05mg/kg。

7. 氯元素

氯元素是一种非常特别的微量元素。众所周知，烟草被称为"忌氯"植物，但氯气也是一种重要的养分。当土壤中的氯元素浓度高于1%时，将直接导致烟草的燃烧性能下降，增大已燃烟草的熄灭概率，烟草的吸湿能力增强，杂质浓度增加，质量下降。烟叶中氯元素浓度偏小，则会造成烟叶干燥、油脂含量降低、弹力下降。

第二节　植烟土壤改良技术

一、土壤不良性质的改良

(一)土壤质地的改良

土壤质地是土壤比较稳定的物理性质，与土壤肥力关系极为密切。

但在特定的自然或人为干扰条件下，土壤质地也是可以改变的。例如不合理的耕种利用和乱砍滥伐森林，往往引起土壤质地变差，而对过黏或过砂的不良土壤，各地群众也有改良和治理调节利用的经验。

土壤质地改良的基本技术有：

1. 客土

客土是一种通过调整土壤的颗粒组成来改良土壤质地的方法。这是一种直接改良不良土壤质地的方法，具体可表现为“泥掺砂”即黏土里掺入砂土，“砂掺泥”即砂土里加入黏土。农谚说“黄泥巴（黏土）见了砂，好像孩子见了妈”，“红胶泥和面砂，糊里糊涂打石八”即表明了客土改善土壤泥砂组成比例的效果。客土要因地制宜，有的客砂改黏，有的客黏改砂。

在客土技术上可以实行客土点施、沟施，结合耕翻撒施等，持之以恒，逐年改良可以收到较好的效果。客土法可在整块田中进行，也可在播种行或树行中客土，还可在播种穴或树墩周围客土。对改砂掺泥，可施用大量塘泥、湖泥，既改变质地，又可增加养分，增厚耕层。有条件的地方，还可引浊流淤灌，增加黏质淤泥，既改变质地，又增加了养分。对表层为砂土，下为壤土或黏土，或是上黏下砂的质地层次，则可用深耕的方法，使上下层混合，以改善不良质地。针对不良质地土壤，施用土粪、塘泥、陈墙土等，也可改善土壤质地状况。用石灰性砂土掺和到黄，红壤中可改良黄壤等。

2. 因土种植

因土种植是扬长避短，充分发挥不同质地土壤生产潜力的有效途径。农谚有“砂地花生，泥地麦”，“砂土棉花，胶土瓜（南瓜），石子地里种芝麻”等等，说明根据植物对土壤的适宜特性安排种植作物种类就能收到增产的效果。

一般认为薯类，花生、西瓜、棉花、豆类、杏等较适宜于砂质土壤；小麦、玉米、水稻、高粱、苹果等较适宜于黏质土壤。

3.生物改良

生物改良是指采用增加土壤有机质含量的办法来消除不良质地带来的缺点。生物改良对山丘侵蚀地区土壤质地有明显改良效果，是干旱和半干旱地区改良风沙土最有效的措施。

种草植树可增加植被覆盖率和土壤有机质，改善风沙土区的生态环境，防止土壤风蚀沙化，为进一步开发利用风沙土创造条件。

在贵州山区，植树种草防治土壤石质、粗骨化和保护土壤资源更有普遍的意义。在农区，长期通过增施有机肥、种植绿肥、选种先锋作物和推广秸秆粉碎还田等措施，逐渐增加有机质，改善不良土壤地质条件。

(二)土壤结构的改良

土壤结构的功能是调节土壤的肥力状况，良好的土壤结构具有协调供应土壤肥力系的能力。对不良土壤结构的改良目的在于促使土壤团粒结构的形成。

1.客土改良和施用有机肥

过砂过黏、有机质含量低的土壤，结构性常常很差，特别是在不合理的耕作情况下表现更明显。在这些土壤上，客土或加砂以改良土质和施用有机肥，可以起到培育良好结构性的作用。有机肥通过微生物作用，产生有机胶体及黏质的微生物代谢产物，以及其他多方面的作用，而对砂粒或黏粒起团粒化效应。如果把有机肥料如堆肥、作物茎秆、枯枝落叶等作为覆盖物，还可使表土结构免受雨滴打击而保护结构。

2.合理的土壤耕作

正确的土壤耕作可以在一定时期内改善土壤的结构状况，以满足作物生长的要求。例如，犁耕可以破碎土块；深耕可以破坏土层深处的硬盘；生长季节期间耕作的主要作用是破碎因急雨造成的结壳，保证土壤的通气性及消灭杂草。耕作必须掌握在适当的土壤水分含量下进行，这样不仅耕作阻力小，而且碎土效果好，有利于良好结构的形成。但是，耕作次数过多，会加速有机质的氧化，同时表土在人、畜的践踏、挤压等作用下会引起机械粉碎而使原有的良好结构遭到破坏。因此，耕作次数并不是越多越好。试验表明，在使用除草剂的情况下，犁地播种后的耕作可减少到最低限度。此外，对黏质结构性差的土壤可以采取犁冬晒白或冻垡的方法（即冬季将耕地犁翻，炕冬的做法）加以改良。

3. 合理轮作与间套种

不同的作物种类对土壤结构的影响不同，主要与根系的特征，作物的残体数量与质量，作物对地面被覆的程度等有关。例如，多年生禾本科牧草如黑麦草，由于其庞大的须根系而对形成良好的土壤结构有利；豆科作物如紫花苜蓿则以其质量优良，有利于微生物活性而见胜；谷类作物在土壤中遗留的根残物质较根实类作物所遗留的要多。因此，要正确地制定作物的轮、间、套种制度，重视豆科作物的安排，实行水旱轮作，禾本科与豆科轮作和作物与豆科绿肥的轮作、间作、套作等。

在水稻与冬作物（紫云英、蚕豆、豌豆、 油菜、小麦）的轮作中，冬季种植一年生豆科绿肥能增加土壤有机质含量，其中以紫云英最好，能使直径为 1～5mm 的团粒含量显著增加，上述其他豆科绿肥也有不同程度的效果。而冬季轮作禾谷类的作物（如小麦、大麦），对土壤中直径为 1～5mm 的团粒含量有破坏作用。贵州省的旱地分带轮作，麦、肥、苞、苕等耕作制度是创造和维护土壤良好结构的行之有效的措施。

4. 改良土壤的化学性质

对过酸、过碱引起土壤结构恶化的土壤，可施用一定数量的石灰或石膏，不仅能调节土壤的酸碱度，还能促进土壤的凝聚作用，改善土壤结构，防止表土结壳。

5. 施用土壤结构改良剂

经过世界各国的研究，已经证实应用土壤结构改良剂是创造团粒. 提高肥力的新途径。土壤结构改良剂分两大类：一类是根据土壤中团粒形态的客观规律，利用植物遗体，泥炭、褐煤等为原料，从中提取腐植酸、纤维素、木质素、多糖醛类等物质作为团粒的胶结剂，称为天然土壤结构改良剂；另一种是模拟天然胶结剂的分子结构、性质，利用现代有机合成技术，人工合成高分子聚合物，称为合成土壤结构改良剂。施用方法是在适宜的土壤水分条件下进行液施或干施，然后耕耙土壤，使之与土壤混匀而形成团粒。

(三)土壤酸性的改良

土壤过酸、过碱对土壤肥力和植物生长均有不利影响，此时可采取适当的措施加以调节，以适应植物的生长要求。

1. 土壤酸碱度的调节

土壤酸碱度的调节通常可采取施用石灰、石膏的办法。对酸性土壤可用石灰来改良；对碱性土可用石膏、硫磺或明矾来改良。

通常没有必要将土壤酸碱度调至中性。一般认为土壤 pH 在 6 左右时不必施用石灰，pH 为 4.5～5.5 时需要适量施用石灰，pH 小于 4.5 时需要大量施用石灰，在确定石灰的施用量时除了土壤 pH 外，尚需考虑土壤质地和有机质水平。土壤质地越黏重，有机质含量越多，石灰用量就越大，如此才能使土壤的 pH 发生改变。

2. 石灰用量的确定

对酸性土壤施用石灰来调节 pH，但是不合理施用石灰对土壤也会造成严重的不良影响。有些地区因为长期施用石灰，且用量很大，结果将土壤变成了“石灰板结田”，原因是过多的石灰淀积于心土层，变成了妨碍土壤透水排水的障碍层次。南方丘陵黄、红壤旱地上，农民有连年施用石灰的习惯以中和红壤中的酸碱度，667m^2 施 50kg 以上，结果导致土壤 pH 升高，诱发土壤微量元素缺乏。因此酸性土壤施用石灰应科学合理。

对某一酸性土壤究竟该施用多少石灰，在理论上可以根据土壤的阳离子交换量等参数来计算，方法是：

石灰的需要量＝每 667m^2 耕层土重×阳离子交换量×(1－盐基饱和度)≈150t×阳离子交换量×(1－盐基不饱和度)

理论计算量需要测定土壤阳离子交换量和盐基饱和度化学指标。根据贵州的土壤情况，石灰用量的计算结果大致在每 667m^2 施用 500kg 左右。具体施用量要根据土壤性质、海拔等因素确定。土壤 pH 低于 5.5 的黏土，有机质含量高，适当增加施用量；砂土、有机质含量低，适当减少用量。高海拔地区适当多施，低海拔地区少施。通常不宜连年施用，应间隔 3～5 年施用。

3.合理施用化肥

合理选用化肥也可调节土壤 pH 状况。化肥有生理酸、碱之分，在酸性土壤上就不应该施用生理酸性化肥，它会导致土壤更加酸等。根据土壤 pH 选用肥料可以起到既调节土壤 pH，又能提高作物产量的作用。例如钙镁磷肥，用于酸性土则有增加土壤钙、镁离子和中和酸度的作用。过磷酸钙施用于碱性土效果较好。磷矿粉是一种难溶性的磷肥品种，用于强酸性土壤作底肥施用肥效特好。

用石灰或石膏作间接肥料，在强酸性土壤上施用石灰和在强碱性土壤上施用石膏、硫磺肥，可提高某些营养元素在土壤中的有效性而有利于作物生长，但应根据具体条件在土壤中的有效性而有利于作物生长，但应根据具体条件来决定，要考虑施用的经济效益。

二、当前我国植烟土壤存在的问题

(一)烟田结构不良

很长时间以来，人们耕作都只使用化肥，忽视了有机肥。过度使用土地，不注重养地，最终出现了土壤结构不良的情况，具体来说，主要表现为土壤板结，容重不断偏大，碳含量和氮含量的比例严重失调，土壤的腐殖质减少，微生物的活性减弱，土壤有机质较低，土壤肥力下降，水分流失严重，肥料的利用率降低，土壤分解养分和释放能量的能力下降，导致多种微量元素的分解和释放受阻，导致根系周围的营养物质流失，最终抑制根系生长发育。

(二)土壤酸化

土壤酸化主要有两个原因,一是受成土母质、气候条件等自然因素影响,酸性岩在风化和成土过程中盐基成分易被淋失,导致土壤呈微酸性至酸性反应。二是连续的化肥过量施用,有机肥投入不足,不当的灌溉,同一作物连作等人为因素导致的土壤酸化。土壤酸化加重土壤板结,抑制烟株根系发育,使烟株根系伸展困难,根系吸收养分和水分功能降低,肥料利用率明显降低,同时也影响部分微量元素的有效性。造成不溶性沉淀和固定,加重土壤酸化程度。因土壤酸化造成烟株长势差,抗逆性弱,容易受病害侵入,土壤中的微生物个体变小,生长繁殖速度减低,土壤微生物的氨化和硝化作用能力下降,影响营养元素的良性循环,造成烟田病害发生,烟叶产量质量下降。

土壤酸化可以降低盐基的饱和度以及阳离子的交换量。所以,土壤酸化导致土壤中的矿物质营养大量流失;另外,土壤酸化可以增强土壤固定钼酸根以及磷酸根。土壤贫瘠则会降低土壤对磷和钼的有效作用。土壤酸化还会让微生物的活动减少,进而减少微生物数量,并抑制微生物生长及活动,最终影响土壤中的有机质分解及有机物循环。

(三)营养失调

作物的显著特点是选择性需肥,不同作物,施用的肥料也不同。如果一直在一块土壤中耕作,会让土壤的营养流失,因此,农业生产的过程中,应该实行轮作制度。我国土地资源有限,并且缺少科学技术的指导,在种植烟草的过程中,长时间连作的现象并不少见。最终的结果是土壤养分流失严重,加剧了烟田全钾、交换镁等营养元素的流失,导致土壤的养分供给不平衡,抑制了烟株的生长,烟株的生长速度慢,植株瘦小,叶片生长不好,并出现缺素症状,最终导致烟叶的质量和产量都下降,烟叶的成熟度也变差,烤烟的组织紧密,颜色暗淡,缺少油分,不利于储存,烟叶的可用性降低。

(四)病原物增多

病原菌大部分属于寄生生物,每一种病原菌可以寄生的寄主有好几种。土壤中长期连作一种作物,一定会为病原菌创造适宜的繁殖和生长环境,进而加剧病虫害。我国烟田种植就是长期连作,这无疑是为病原菌提供适宜的繁殖和生长环境,导致烟田中滋生了大量影响烟草生长的病虫源,在一定程度上加剧了烟田的病虫害。在烟田中,黑胫病、根黑腐病等发病率居高不下,严重影响了烟草的质量和产量。

(五)土壤污染

土壤污染产生原因是污染物通过多种途径进入土壤,导致土壤的组成、结构和功能发生变化,微生物活动受到抑制,有害物质或其分解产物积累,并对植物和人体健康产生危害。目前植烟土壤主要存在农药残留、硝酸盐和硫酸盐氯化物等有机和无机物污染,土壤自身携带及引入的汞、镉、铅、砷、铬等重金属污染,地膜、药瓶药袋、生活垃圾等固体废物污染,人畜粪便、植物残体等有害病原微生物污染等,这些污染物具有富集、降解慢、不可逆转等特点,具有治理周期长、治理成本高、难以解除的困难性,为烟叶质量安全带来隐患。

三、改良植烟土壤的应对措施

(一)合理施肥,增施有机肥料

1.增施饼肥

饼肥的营养元素非常丰富,含有大量脂肪酸、钾、蛋白质等元素。饼肥的养分非常全面,土壤施用饼肥之后,细菌的数量不断增加,土壤的活性也随之增加。饼肥属于我国的优质肥料。施用饼肥之后,烟叶的颜色、光泽和油分都非常好,香气十足,味浓纯正,其他化肥和有机肥无法替代饼肥的效果。通过研究可知,菜籽饼也可以提升烟叶的品质,相较于地烟,田烟的效果更加明显。菜籽饼不仅可以有效协调田烟中的氮碱比,还可以协调地烟中的烟叶糖碱。

2. 秸秆还田

农作物秸秆中富含各种有机质和烟草生长需要的营养元素。将秸秆还田可以增加土壤的有机质。当秸秆入田之后，腐殖质可以达到25%～50%，不但可以改善土壤的保水保肥效果，还能改善土壤的理化特性，此外，秸秆腐殖质还能增加土壤中的养分，其中，效果最明显是速效钾的含量。根据研究表明，在烤烟生长的过程中，土壤的温度可以通过高C/N比秸秆与地膜双覆盖协调，另外，此种做法下，地温日变化小，具有良好的蓄水效果和保湿作用，有利于有机质的累积，并增强秸秆的腐殖化，让烟叶内部的化学成分更加协调，进而提升烟叶的质量和产量。

3. 种植绿肥

绿肥可以提升土壤的微生物数量及活性，还能降低土壤的pH值和容重，为土壤增加养分。根据刘国顺等专家学者的研究可知，绿肥翻压可以充分降低土壤的pH值和容重。施加绿肥可以提升土壤有机质，与此同时，还能增加大量的细菌、真菌及放线菌。所以，可以在冬季种植和翻压绿肥，增加土壤的有机质和微生物，进而提升土壤肥力，为烟叶种植提供良好的土壤环境，促进烟叶生产的可持续发展。

4. 施加有机肥

有机肥的施加可以为植株土壤提供改良和保育的作用。有机肥不仅可以提升土壤的酶活性，还能使微生物数量增加，还可以降低土壤容重，增加土壤的有机质含量、全氮含量等，促进烟株的生长发育。有机肥只有充分发酵之后才能产生促进作用，因此，不同的土壤，应该施加适宜的有机肥。研究表明，如果土壤的有机质低于1.5%，则应该按照667m^2施加1500～2000kg有机肥的比例增肥。此外，还需要把300～500kg的秸秆还田，同时，还可以组织和开展土壤保育工作，比如，配套使用秸秆还田和农家肥技术、配合使用农家肥和有机化肥、水肥一体技术，等等，并组织开展示范工作，带动周边区域共同学习和使用土壤保育技术，提升烟农的保育认知，积极维护生态系统平衡，积极将科学技术落实到实践中，进而促进烟叶生产的可持续发展。

(二)烟田深耕松土,增厚活土层

耕地宜早不宜迟,这项技术的最佳使用时间是雨季之前,或者刚收获之前和茬作物以后,由此,可以将土壤中的杂草、残茬等有机物都翻入土壤,让这些物质在土壤中腐化,进而提升土壤的熟化程度,特别是需要深耕晒华的半休闲耕地,更应该尽早。

耕地时间要早,黄淮烟区春季一般雨水较少,所以,应进行冬耕,积蓄雨雪,熟化土层,春天应及时耕耙保墒,移栽前进行多次耙耱,夏烟由于麦收时,三夏工作紧张,在麦收后应迅速浅耕保留,而后进行深耕和多次耙耱,做到精细耕地。

以黄淮烟区为例,该区年降雨量 400～900mm,雨量集中在 7～8 月间,春秋干旱、夏季雨涝,全年日照在 2000h 以上。地势较平坦,烟草主要栽种在小丘陵、岗地和平原上。

烟草株高叶大,根系发达,需要深厚疏松的土层。深耕可以加深耕层,改善土壤结构,增强土壤的通透性,为烟株生长创造良好的土壤环境。特别是像黄淮烟区的丘陵旱地,由于耕层浅,蓄水能力差,致使抗旱能力弱,养分释放受阻,烟株往往营养不良,因此对丘陵旱地来说,干旱是烤烟生产的一个严重障碍因子。对于黄淮烟区,要采取综合的保墒耕作技术,深耕就是减轻干旱威胁的有效途径之一。深耕还能消灭杂草,减少病虫害,是烤烟优质高效益的一项基本措施。平原烟区,土层深厚,应逐年加深耕层到 25～30cm,丘岗地也应在 20cm 以上。

深耕一般在冬前进行,也有在前作收获后抢茬深耕的,耕后晒坯晾垡,积蓄雨雪,熟化土壤。雨雪较少地区,耕后必须粗耙保墒。南方深泥田种烟的,在水稻乳熟期,即要排水干田,稻收后深挖晒坯,开好排水系统,排除余水,降低地下水位。麦田套作烤烟的,宜深挖穴满填土,麦收后及时深中耕灭茬。

耕的深度应根据土层深度、坡降等条件而定,一般平原可稍深,丘陵宜稍浅,但都不宜超过 33cm。同时应逐年加深,否则生土太多,影响当年烟株生长。

(三)培育有益微生物改良土壤环境

培育有益的微生物可以改良土壤的环境,培育有益的微生物也是改善烟草土壤环境重要方式。微生物肥料是一种活体肥料,能够改善土壤的理性环境,提高土壤的肥力。在烟草的种植过程中,通过培育有益的微生物能够提高烟草的品质和质量。施用钾肥能够提高土壤中微生物的活性,活化土壤的钾肥和磷肥的元素,提高土壤营养的含量。相比较之下,在施用等量的钾肥和磷肥的情况下,钾肥的效果更好,而在土壤中施用等量的钾肥肥料与施用微生物肥料相比,施用微生物肥料的效果更好。这说明了培育一种有益的微生物能够更好地改善土壤的环境,植物的土壤改良剂就是一种微生物肥料,能够明显的改善植株的肥力,有益微生物处于旺盛期的土壤耕层的肥力和生长环境土壤的含水量以及土壤温度都有了的明显增加,耕地的土壤容重显著降低。

(四)膜覆盖和残留控制

烟草的地膜覆盖技术的基本原理就是在烟草植株的表面覆盖超薄的塑料膜能够增加土壤地表的温度,促进烟叶的生长。覆膜技术对烟叶的生长发育和养分吸收、新陈代谢都有着重要的作用。地膜覆盖技术能够促进烟草的生长,使烟叶生长得更快、成熟得更早,能够提高烟叶的品质和产量。地膜覆盖技术能够明显地改良土壤的温度、湿度,改善水分、光照等气候条件,提高烟叶的产量。地膜覆盖技术能够促进植株的物质积累和养分吸收。陈旧的地膜如果不进行及时的回收,就会造成地膜残留在土壤当中,土壤中的地膜如果不加以妥善处理,很容易对土壤造成白色污染。同时这些污染物也会致使土壤的结构遭到破坏,对烟草的肥料和水分的吸收能力和根系发展也会受到影响。因此,烟农必须做好地膜回收处理工作,避免白色污染影响土壤的肥力。

(五)实施轮作规划有助于提高烤烟的土壤环境

烟草同其他大多数作物一样,不宜连作,而应当按照一定的轮作制度进行轮作。作物在同一块土地上连年种植同一种作物称为连作。在同一块土地上,几种作物按照一定的顺序、一定的周期,进行轮换种植,称为轮作。

在农作物的种植过程中,烟叶的根部会分泌出具有致畸性的、有害的生物。这些微生物的生长和繁殖能够影响烤烟植株的生长,从而造成植物生长障碍。而实施水稻和烟草的轮作模式有助于充分地利用土壤环境中的营养成分,避免虫害的发生。

烟草很多病虫害都是以烟草为寄主的,如果长年在同一块土地上连续种植烟草,势必会使这些病原物和害虫大量繁衍,危害烟草。近些年一些烟草种植区赤星病、花叶病等发病严重,与连作有很大关系。轮作可以均衡地力,调节土壤养分,提高生产效益。作物之间由于生物学特性的差异,吸收各种营养元素的量和比例都不相同,如果长期在同一块土地上连续种植同一种作物,就会造成土壤中养分的片面消耗,从而影响其正常生长发育。例如,烟草吸收钾多,禾谷类作物吸收氮、磷、硅较多豆科作物吸收磷较多、氮较少。利用作物之间的这种差异,充分合理地利用土壤中的养分,并使作物对养分的需要获得最大限度的满足,这对作物产量和质量的提高,特别是对烟叶质量的提高很有好处。据调查,连作 2～3 年的烟田与 3 年轮作的烟田相比每公顷减产 150～225kg,品质相差 1～2 个等级,有的地块减产降质比这要严重得多。由此可见,连作的有害性和轮作的重要性。但目前在吉林省各烟草种植区,连作现象仍然很普遍, 必须引起注意。

为了提高烟草的质量,就必须维持土壤中的有机质平衡,保持土壤的肥力,提高烟叶的质量,要防止有效的营养成分退化。烤烟的种植过程中,如果缺乏有效的组织管理和积极的政策引导就会在种植过程中产生这样那样的问题。因此,在烤烟的种植过程中,要把新的技术运用到烤烟种植过程中来，烟草局要根据烤烟的生产状况，结合我国耕地的基本情况，推出有机质和有机肥料的补偿政策。不断地提高土壤的肥力，不断地提高烟叶种植的产量和质量。植烟土壤保育技术对于土壤的肥力提高有很重要的帮助。

采用哪种轮作制，一是要考虑烟草本身的特性，二是要考虑当地的自然条件和生产状况。制定轮作制时，必须从全局出发，长远出发，重点突出，统筹兼顾，要根据当地作物种植结构具体分析、分别对待。合理的烤烟轮作制应当是，既能保证优质烟草的生产，又能提高全轮作周期的高效益；既能突出烤烟生产的重点，又要充分发挥当地自然资源和社会经济条件的生长潜力。

烟草的良好前作物是谷子、玉米、高粱等禾谷类作物。要避免与茄科作物连作，因为茄科作物有许多与烟草同类病害。要尽量避免与豆科作物连作，否则会降低烟叶品质。吉林省烟草生产一般轮作制应为：

烟草—玉米—高粱或大豆—谷子

烟草—大豆—谷子

烟草—大豆—玉米

(六)健全管理机制和体系，用舆论引导保护土壤行为

1. 健全管理机制和体系

建立健全烟区植烟土壤改良和修复的责任机制，保障烟叶品质质量安全和人体安全；建立改良和修复的治理投入机制，将土壤保育、土壤污染治理投入纳入预算，加大行业、政府和社会资金补贴，保护基本烟田，加大设施设备投入，全面实施地膜、药瓶药袋等污染物回收，实施轮作制度等，满足改良修复任务的需求；形成有效的社会治理机制，出台法规政策，建立诚信体系，接受社会监督，为烟农和群众提供基本指引。

2. 建立科技创新体系

培养和壮大土壤改良修复的技术队伍，积极开展各类土壤改良修复试验示范，及时总结改良修复模式、技术标准和改良修复成果，完善可行

的科学技术体系，为今后烟田和农田保护提供科学依据。

3.加大舆论宣传

充分利用广播、电视、报刊、宣传册及网络等媒体，创新载体，多渠道、形式多样地开展舆论宣传，加强技术指导和监督，在烟区、农村及全社会营造生态文明建设的良好氛围，通过以点带面示范引领，逐步辐射带动周边等措施，扩大社会影响和治理覆盖面，形成全民参与土壤保护的自觉行为。

第二章　作物秸秆在植烟土壤改良中的应用

作物秸秆不经过堆积，直接翻埋于土壤中，起到肥田增产作用，叫秸秆还田。应用秸秆直接还田，是一项简便易行的增加土壤有机质，培肥土壤、加强地力建设的措施。黄淮地区秸秆资源丰富，应当大力推广秸秆还田。

农业生产过程当中，制造出的最多的副产品就是秸秆。农民在处理秸秆的时候，通常会选择燃烧的方式或者堆放的方式，此种方式不仅没有充分利用资源而且对环境造成了不良影响。但是，秸秆还田不同，它能够充分把秸秆资源利用起来，并且能够让土地获得秸秆的养分，这在一定程度上促进了农业的更好发展。现阶段，有关秸秆还田的研究主要集中在与土壤有关的物理、化学和生物角度，主要是从物理、化学和生物角度分析秸秆还田将会对土壤产生哪些方面的影响。目前研究获得的结果是秸秆还田可以有效减轻土壤板结，还能够提高土壤的入渗能力，提升土壤当中的碳含量，为微生物提供更好的栖息环境，土壤也会有较强的抗腐蚀性、较高的温度，可以有效改善水土流失情况。但是，目前的研究很少从机械动力学的角度出发探究秸秆还田对土壤会产生哪些力学方面的影响。综上所述，可以发现秸秆还田能够通过影响土壤力学特点的方式改变土地耕作环境。①

---

① 中国土壤学会.土壤科学与生态文明(上)[M].咸阳:西北农林科技大学出版社,2016.

第一节　作物秸秆还田对土壤的影响

秸秆还田多年之后，土壤当中会累积较多数量的有机质。研究分析土壤当中有机质的增加率，会发现其可以保持在每年0.01%左右。考虑到我国土壤有机质数量相对较低的情况，秸秆还田可以得到大力推动。

秸秆还田还能够提高土壤当中氮的含量，氮的含量会根据土壤有机质的含量变化而变化。在秸秆还田初期，应该注重土壤当中碳和氮的比例，除此之外，秸秆还田还能够影响土壤当中钾的含量，让钾的含量有明显的提升，这在一定程度上也非常适合我国土壤的需要。

除此之外，有一些试验点当中还发现秸秆还田能够改善土壤水分和土壤的物理性质，但是，这一情况只在某些试验点当中出现，所以，目前还没有具体定论。

秸秆还田释放的能量在很大程度上改善了土壤微生物的生活环境，有助于它们的繁殖活动，但是，具体的繁殖规律还没有定论。

长期坚持秸秆还田能够提高作物产量，作物产量的提高幅度在2%～5%之间。但也有一些作物产量没有增加。整体来看，报道当中提到的作物产量增加数据是偏大的。

秸秆还田之后，秸秆当中的有机碳大概有三成可以被留存在土壤当中，如此一来，二氧化碳的排放会有所降低，但是，实验结果证明留存在土壤当中的秸秆的有机碳也会在多年之后以二氧化碳的形式排放出去。所以，本质上并不会降低二氧化碳的排放量，而且，如果秸秆还田的田是水田，那么还可能会导致甲烷的排放量增加。

秸秆还田的数量必须适当，如果只是根茬还田，那么最好再配合使用一些化肥，这样土壤有机质才能达到平衡状态。如果还田的过程中加入了少量的秸秆，那么，土壤有机质也能够达到平衡状态。如果秸秆还田数量较多，那么可以在一定程度上改善土壤作物的产量。但如果秸秆还田数量特别多，那么秸秆还田对土壤的改善效用会逐年降低，而且，机械作业难度非常大，还会导致二氧化碳和甲烷向外散逸。

秸秆覆盖免耕还田的方式能够有效降低作业量，也能够避免土壤水分的流失，还能够提高土壤的透水性。土壤表层当中的有机质含量以及养分含量都会有明显的提升，如果天气干旱，这样的土壤更有利于作物生长，但是也容易引起病虫害，土壤下层可能会出现理化性质方面的恶变。

秸秆还田在一定程度上提高了土壤的养分以及土壤有机质含量，进而有利于作物增产，但作业成本以及作业难度也随之加大。但是对比其他的秸秆处理方式，最优的方式还是秸秆还田，所以，秸秆还田是未来的主要发展方向。

一、秸秆还田的作用、方法及意义

秸秆直接还田，是在作物收获时将秸秆抛撒在田间，或粉碎或整株，或覆盖或深埋，主要是应用秸秆还田机械。秸秆过腹还田是一种效益较高的秸秆利用方式，经过青贮、氨化.微贮处理，饲喂家畜，通过发展畜牧增值增收。

大力发展秸秆还田，对于保持土壤肥力，实现农业的可持续发展具有积极的意义。

第一，可以提高土壤有机质的含量和质量。秸秆含有丰富的含碳有机物，直接还田使土壤新鲜有机质增加，对土壤有机质分解有明显的激发作用，促使土壤有机质的更新，活化土壤养分。

第二，改良土壤物理性质，形成土壤团粒结构，对提高和协调土壤的水、肥、气、热有良好的作用。

第三，可以固定和保存土壤氮素。由于秸秆含有丰富的碳源，而含氮相对偏低，微生物的增殖可以把土壤中有效氮暂时转化为微生物躯体中有机态氮保存起来，减少氮的损失。

第四，可以转化和增加土壤养分。秸秆直接还田为土壤微生物提供了丰富的碳源，使土壤微生物活动旺盛，促进了土壤中难溶性磷和微量元素的转化，释放的微量元素还提高了养分有效性。秸千中含有丰富的钾，直接还田把大量的钾归还给土壤。

(一)秸秆还田的作用

1.改善土壤物理性状

施用新鲜秸秆还田,对改良土壤性状的作用,要比施用其他有机肥料见效快。因为秸秆中含有较多的粗纤维。在土壤中能形成大量的活性腐殖质,容易和土粒结合,促进团粒结构的形成。同时也可避免秸秆腐熟后施用,腐殖质因干燥变性,降低改土效果。

2.促进土壤微生物活动

秸秆还田能促进土壤微生物的活动,有利于土壤养分的积累与释放(见表2—1)。

作物秸秆作为一种含碳丰富的能源物质。直接施入土壤。会使各种微生物从秸秆中获取养料,从而大量繁殖起来,这对土壤中的养分积累、释放将会起到十分重要的作用。新鲜秸秆在分解过程中产生的有机酸,也有利于土壤难溶性养分的溶解和释放。

表2—1　几种作物秸秆的养分含量(g/kg)

秸秆名称	有机质	氮(N)	磷(P_2O_5)	钾(K_2O)
小麦秆	811	4.8	2.2	6.3
水稻秆	786	6.3	1.1	8.5
玉米秆	805	7.5	4.0	9.0
大豆秆	828	13.1	3.1	5.0

(二)秸秆还田的方法

作物收获后,可用秸秆还田机或圆盘耙、重耙把留下的秸秆压倒切碎,随后耕翻、镇压。在没有上述机械的情况下,也可用人工将秸秆切成10～15cm长的段料。平铺于田面,由拖拉机将其翻入耕作层。耕翻深度以17～22cm为宜。以免日后影响播种质量。还田时间应尽量早,以保持秸秆的大量水分,使其易于腐烂分解。

秸秆还田一般分为秸秆直接还田、堆返还田、过腹还田等方式。

1.秸秆直接还田

秸秆直接还田就是将农作物秸秆通过机械方式覆盖或翻盖在土壤层

下，进行保墒、腐化生肥的技术。秸千直接还田是目前主要的利用方法，采用秸秆还田机作业，机械化程度高，秸秆处理时间短，腐烂时间长。秸秆直接还田包括高茬还田、覆盖还田、整株还田、根茬粉碎还田、机翻粉碎还田等。

(1)高茬还田

对于高茬复播的田地，可根据土壤墒情、配套机具及生产条件等差异，因地制宜地采取旋耕覆盖复播、硬茬覆盖复播、人.工撒籽—旋耕覆盖复播等不同的操作方法。该技术优点：种植作物比较均匀，秸秆还田时也比较均匀，能提高秸秆还田的质量和效果；稻、麦秸秆还田期间，正值农事繁忙季节，而采取留高茬技术，可简化还田程序，延长作物生长时间，减少耕翻的工序，省工节能，能提高活化劳动和能源的效益。

(2)覆盖还田

这种方法可以使用两种形式：首先，人工覆盖还田，要求在作物生长到合适时期时直接在作物行间将其粉碎。举例来说，小麦覆盖还田需要将小麦切分成 6～10cm 左右长度的小段，粉碎之后可以覆盖到作物行间。通常情况下，每亩土地使用 200～300kg 左右的小麦秸秆即可。这种覆盖方式能够避免土壤水分的过度蒸发，而且能够减少杂草的生长数量。使用这种方法时，可以借助夏季高温多雨的天气条件，将秸秆放到土壤当中，加速秸秆的腐化和融解。人工覆盖还田方式能够为生长在田地的种植作物提供养分。其次，留茬套种残茬覆盖方式，要求在收割作物之前 15 天左右的时候，先在行间套种种子，然后收割的时候将作物下面连接土壤部分的根部留下 15～20cm 左右，等到夏季种子长出幼苗之后，需要将之前留下的茬刨掉。

覆盖还田方式的优势在于降低成本，提高脱粒速度，而且因为秸秆可以快速腐烂，所以能够获得较好的保墒施肥效果。

(3)粉碎还田

平原地区可以在收割的时候使用机械，让秸秆以切碎的方式实施在土壤当中，实施之后，需要翻压土壤让秸秆完全人土。机械化秸秆还田技术指的是收获农作物之后，使用机械将农作物的秸秆粉碎，然后将粉碎的秸秆翻压到土地当中。粉碎还田的方式比较多，举例来说，可以把秸秆整个粉碎，也可以直接粉碎根茬。这种方式的优点在于处理快速，不需要较高的处理成本，而且处理的数量比较多，还能够减少直接焚烧所导致的环境污染。粉碎之后，秸秆可以通过腐烂的方式转化成土壤需要的有机肥。粉碎还田方式有效地利用了秸秆，真正做到了变废为宝。

2. 秸秆堆沤还田

堆沤还田是一种传统的积肥方式，采用催腐剂或腐秆灵对秸秆进行堆腐，制成堆肥、返肥，将制好的肥料施入土壤。一部分植物的秸秆可能存在病菌，如果直接粉碎还田可能导致病毒害的传播，所以，需要使用高温堆置的方式处理。使用这种方式的时候，需要先借助机器将秸秆粉碎，粉碎之后的秸秆长度最好小于 3cm。粉碎之后，需要将秸秆打湿，让秸秆包含的水量达到 70%上下。然后再加入腐熟有机肥，搅拌即可，最后，需要使用塑料布或者使用泥浆将堆成堆的秸秆密封起来。大概密封 15 天的时候，就可以获得已经完全腐烂成熟的秸秆，这时的秸秆是褐色或者偏向黑色的。而且，用手触摸会发现有较好的弹性，比较柔软，不容易破碎。通过堆汉还田方式获取的秸秆肥料可以直接放入土壤当中，但是，使用堆汉还田方法处理会导致氮元素的流失，而且比较占用空间，浪费时间，浪费人力，所以，一般情况下只有晚期的稻子秸秆或者秋天的玉米秸秆会使用堆汉还田处理方式。

3. 秸秆过腹还田

这是一种效益很高的秸秆利用方式。秸秆富含有机质，将秸秆作为粗饲料喂养动物，经过动物过腹消化后，排出的粪便可用于制作有机质肥料。这种方式既有利于发展畜牧业，又可改善农田养分状况，形成秸秆在家畜和农田之间的循环利用，是一种发展农村循环经济的有效方式。

(三)秸秆还田时注意的事项

1. 配施速效氮肥

作物秸秆的碳氨比很宽，直接施入土壤会刺激微生物迅速繁殖，导致土壤有效氮被暂时固定。因此，生产中秸秆还田往往配施一定数量的氮肥。使秸秆物料的碳氮比达到一定的数值。一般认为，微生物每分解100g秸秆约需0.8g氮，即每1000kg秸秆至少应加入8kg氮才能保证分解速率不受缺氮的影响。在缺磷的土壤上还应注意补充磷肥。

2. 控制秸秆还田数量

每公顷还田秸秆用量以3000～3750kg为宜(每亩200～250kg)。若用量过多，则不利于腐烂分解。

3. 防止病虫害传播

与高温堆肥比较，直接还田的秸秆未经高温发酵，可导致各种病害的传播。如水稻白叶枯病、小麦黑穗病、玉米黑粉病和大斑病等。所以。应避免将有病虫危害的秸秆直接还田。

二、秸秆还田对土壤钾素的影响

(一)对土壤速效钾含量的影响

因为秸秆还田可以增产，因此，国家一直在加大秸秆还田的推广力度。秸秆还田有很多优势，可以加大土壤当中的有机碳含量，也能够优化处理土壤的理化性状，而且有助于作物的更好发育，让土壤当中的钾素处于平衡的状态。秸秆还田可以代替钾肥在土壤当中的作用，但是它和钾肥不同，它们的养分释放量、在土壤当中的移动性、移动速率都有一定的差异，而且在作物不同的情况下，钾肥效应也有明显的不同。

速效钾指的是可以溶解在土壤当中的钾、可以交换的钾。速效钾可以被当季作物吸收和利用，人们也可以通过速效钾来判断土壤当中的钾素含量水平。一般情况下，评判土壤供钾能力的时候，会把速效钾当作是评价指标。秸秆还田当中的钾大部分都是离子形态的，所以，溶解难度较低，作物可以更好地吸收和利用。也正是因为上述原因，秸秆还田才能够提高土壤当中速效钾的数量，才能够改善耕地情况，提升耕地质量。相比于畜禽粪便，秸秆还田能够更大程度地提高土壤当中速效钾的数量。现阶段获得的研究结果认为，秸秆还田能够提高土壤当中的钾元素数量，进而能够提高土壤的肥力。

秸秆还田过程中，秸秆主要是通过自身腐解钾数量的多少来影响土壤速效钾，但是，在腐解的过程中会分泌有机酸，有机酸也会对矿物钾的产生数量产生影响。秸秆接触水之后，除了能够释放钾素之外，也会产生碱性金属以及其他的有机成分。在腐解初期，因为会产生有机酸，所以，表层水的酸碱值可能会有所降低。在腐解时间加长的情况下，形成的有机酸可以慢慢地被分解，这时土壤又会向碱化的方向发展，酸碱值会慢慢地变高。有机酸的形成在一定程度上推动了钾的释放，有机酸浓度越高，钾释放得越多。除此之外，有机酸的种类、类型也会影响到钾的释放情况。与此同时，腐解的时候出现的小分子有机酸很大概率会结合金属离子，最终形成金属复合体，它们的形成也能够推动矿物的分解，进而释放出更多的钾。除此之外，秸秆也会影响到微生物的代谢活动，会导致微生物种群群落出现一定的变化。综合来看，秸秆还田过程中产生的有机酸可以推动钾的分解、钾的释放以及钾的转化，可以让土壤当中的钾数量有所提升，还能够同时加大土壤的供钾能力。还需要注意一点，秸秆还田方式不同时，钾释放受到的影响也会不同。焚烧秸秆还田方式当中，钾可以一次性地进入土壤当中，所以，土壤当中的速效钾含量会在较短时间内提升。但是，焚烧的方式破坏了秸秆当中的氮元素，而且污染了环境。

通常情况下，秸秆还田之后，土壤当中的速效钾数量都会有所增加，土壤质量水平也会有所提升。但是，具体的提高程度没有准确的定论，不同的研究者在研究过程中获得了不同的结果，之所以出现结果差异可能是因为没有秸秆还田之前土壤当中所包含的钾基础含量就是不同的。与此同时，土壤秸秆还田的年限也不同，这也有可能会导致最终的结论数据存在差异。所以，如果想要获得准确的秸秆还田对速效钾数量的影响结论，还需要持续深入地开展研究。

(二)对土壤缓效钾含量的影响

不能够交换的钾就是缓效钾，具体来讲，指的是包含钾矿物当中的容易被风化的钾，除此之外，土壤当中被矿物固定下来的固钾矿物当中的钾也不能被有效提取出来，所以，也被叫做缓效钾。虽然它被叫做缓效钾，但是如果条件合适,也能够变成速效钾,也能够提高土壤当中速效钾的含量。如果土壤当中包含的速效钾数量比较低,那么此时缓效钾就会受到刺激,就会慢慢地转化,为土壤提供速效钾。如果缓效钾的数量达到了一个非常低的水平,那么这时土壤当中的矿物钾就会转化释放缓效钾,以此来弥补之前缓效钾的消耗。综上所述,可以发现当速效钾被消耗殆尽的时候,植物主要是从缓效钾和矿物钾当中获取钾。

秸秆还田会对土壤黏粒大小、酸碱值、缓效钾、速效钾、作物生长情况等方面产生影响,在秸秆还田影响钾的情况下,土壤缓效钾的转化释放情况也会受到影响。借助秸秆还田的方式,土壤当中缓效钾的量会有所增加,如果长期坚持秸秆还田,那么,耕层土壤就会获得较大数量的速效钾、缓效钾的补充,这极大地提高了土壤肥力。但是,耕层土壤下面的土壤并不会受到秸秆还田较大程度的影响,钾含量并不会影响提升,此种情况的出现可能是因为钾以较快的速度被土壤吸收固定下来,或者以较快的速度被植物吸走,所以,较深层次的土壤没有办法获得钾的补充。除此之外,还可能是受到植物根系活动的影响。在根系较为活跃的活动时,土壤对钾的固定能力会有所降低。所以,下面的土壤钾含量水平没有较大提升。

相比于只使用了磷肥和氮肥的土壤,做了秸秆还田处理的土壤明显钾的降低速度比较慢。使用了钾肥的土壤和经过了秸秆还田处理的土壤当中的钾含量明显处于一个平衡或者盈余的状态。研究结果表明,连续17年进行秸秆还田处理的土壤缓效钾含量相比于最开始明显提升了10.13%,而使用了钾肥的只上升1.84%。这说明秸秆还田的处理方式有效改善了土壤当中钾含量不足的情况,有效地提高了土壤的肥力,让土壤可以更好地为植物生长提供需要的钾。

三、秸秆还田对土壤养分提升的影响

(一)对土壤生物性状的影响

秸秆属于非常优秀的生物肥料,它在腐烂或者分解之后可以为土壤提供需要的微量元素。研究表明,如果能在秸秆还田过程中科学运用催腐菌剂，那么土壤当中放线菌、细菌以及真菌数量会明显增高，酶类活性也会有效提升，土壤对营养的吸收情况能够有效改善，农作物产量也会有效提升。

(二)对土壤物理性状的影响

秸秆还田可以有效保护土壤水分，提高土壤抗污染的能力。借助秸秆还田的方式，土壤物理特征可以得到有效改善，土壤的通气性水平明显提高，此种情况下，土壤可以更好地保存水分和养分，作物就可以更好地生长，而且秸秆还田之后形成的腐殖质可以凝结土壤结构，让土壤有更好的团粒结构，土壤更容易耕种，土壤孔度会变大。而且，土壤温度会相对恒定，不会有较大的幅度变化，这在一定程度上也保护了作物生长。综合来看，秸秆还田之后，土壤物理性质上发生了有效改变，但是，土壤的有效改变效果会随着土壤深度的增加而降低。

(三)对土壤化学性状的影响

粮食作物的产量想要得到有效保障，那么，土壤必须有较好的肥力，不同秸秆还田方式处理之后的土壤肥力情况也存在一定的差异。分析研究秸秆还田的翻压深度，可以发现，当翻压深度较浅时，秸秆可以以较快的速度腐烂分解，翻压深度达到 10cm 的时候，秸秆会以较慢的速度腐烂分解，当翻压深度达到 20cm 的时候，秸秆分解的速度处于上述两种情况之间。从化肥配施的角度来看，如果只对土壤进行秸秆还田处理，那么有机质数量有明显提高，但是，碳氮含量有所降低。如果对土壤同时进行秸秆还田处理、化肥实施处理，那么有机质含量、氮总含量以及有机氮含量都会有所提升。从土壤碳库平衡的角度分析，经过秸秆还田处理之后的土壤包含更多的有机碳，而且所有层次的土壤当中有机碳的数量都有了明显的增高。所以，秸秆还田能够有效提升土壤当中有机碳的数量，也能够有效提高土壤的供肥能力。

四、秸秆还田对土壤酶活性的影响

土壤当中发生的生化反应或者完成的物质循环都需要土壤酶的催化，而催化效率主要受到土壤酶活性的影响，现阶段，土壤酶活性已经被当成了判断表中土壤微生物特性的指标。目前，秸秆还田主要研究的是氧化还原酶。很多研究已经证实，秸秆还田之后，土壤当中的微生物能够获得更多的能量和营养，在这样的情况下，微生物繁殖会得到有效推动，土壤当中会有更多的微生物。所以，也会产生更多数量的酶。通过对比实验发现，经过秸秆还田处理之后的土壤，土壤酶活性更强。

秸秆还田过程中，酶活性会受到以下几种因素的影响。

第一，秸秆还田过程中，酶活性会受到时间的影响。如果秸秆还田发生在早稻田当中，土壤当中的蔗糖酶、纤维素酶、淀粉酶活性会有明显的提升，但是，如果秸秆还田发生在晚稻田当中，那么，这些酶的活性反而会降低。出现这种现象的原因大概是早期秸秆碳有助于微生物的更好生长，刺激了酶的分泌，所以，秸秆养分以较快的速度完成了转化。

第二，秸秆还田的方式会影响到酶活性效应。如果秸秆还田的过程中还同时施加了氮肥、磷肥钾肥等肥料，那么相比于没有施加肥料的秸秆还田，过氧化氢酶活性整体增加了 72.3%。除此之外，其他酶的活性也有了明显的提高，有一些甚至提高率超过 100%。但是，施加钙肥或者镁肥的情况下，酶的活性并没有显著的提升。

第三，当氮肥基追比不同时，秸秆还田土壤酶的活性也会有较大的不同。研究者曾经在江西水稻田当中进行过研究试验，在氮肥基追比是 6∶4 的情况下，酶活性有较大提升的是 β—葡萄糖苷酶、α—葡萄糖苷酶、酚氧化酶、纤维二糖苷酶、过氧化物酶。除此之外，在河南玉米田地进行研究的人员发现在氮肥基追比是 1∶1 的情况下，土壤当中各种酶的活性可以最大程度地得到提升。因为秸秆是一种土地碳源，所以，它的投入必然会影响到土壤当中的微生物活动，必然会为微生物提供更多的营养支持，微生物就会吸收更多的养分。所以，如果能够科学调整化学肥料的使用比例，那么，秸秆将可以在土壤当中更有效地发挥作用，但是，化学肥料的科学调配要求因地制宜，要结合不同地区的土壤类型做出具体判断。

五、秸秆还田对土壤微生物数量的影响

(一)秸秆还田对土壤微生物生物量的影响

碳、氮、磷元素是以土壤微生物量氮(SMBN)、土壤微生物量碳

(SMBC)、土壤微生物量磷(SMBP)的方式固化在土壤中的,SMBC、SMBN、SMBP在植物生长过程当中发挥重要作用,主要提供养分。研究者可以以SMBC、SMBN、SMBP为指标判断土壤微生物的活性。如果进行秸秆还田处理的过程中施加氮肥,那么SMBC、SMBN、SMBP的含量也会有所增加。随着研究的深入,人们发现当碳氮比比较高的时候,秸秆还田会更大程度地固定土壤当中的氮素。如果这个时候可以配合添加微生物需要的氮素,那么微生物就可以在较为适合的环境当中活动繁殖,土壤当中就会有更多的微生物。也就是说,秸秆还田过程中,微生物生存环境的改善主要是受氮肥实施的影响。

不同的秸秆还田方式,对微生物数量造成的影响也不一致。在其他条件相同的情况下,进行了秸秆还田处理的土壤当中SMBC、SMBN、SMBP的含量都有明显提升,在都采用秸秆还田的情况下,免耕方式处理的土壤SMBC、SMBN、SMBP的含量增长最为明显。之所以它的增长最为明显,是因为土壤结构没有受到破坏,土壤更容易储存养分,微生物的生长就可以获得更好的营养物支持。除此之外,土壤类型也会对秸秆还田处理之后的土壤当中的微生物碳含量产生影响。综上,应该针对不同的土壤类型使用不同的秸秆还田处理方式。

(二)秸秆还田对可培养微生物数量的影响

可培养微生物数量指的是土壤当中放线菌数量、真菌数量以及细菌数量的总和。对可培养微生物数量进行检测之后,可以根据结果判断土壤微生态效应。除此之外,分析可培养微生物还能够清楚地了解土壤当中病原微生物的数量数据和种类数据,在此基础上,就可以根据病害和微生物数量之间的关系更好地指导秸秆还田。大多数研究证实,秸秆还田能够为微生物的繁殖和活动提供更多的营养物质,也能够为微生物的生存提供更好的土壤条件,所以,秸秆还田处理之后的土壤有了更多的微生物。但是,微生物数量变化会受到秸秆还田时间方式以及数量等多个因素的影响。如果数量达到了50%,那么,可以最大程度地促进真菌细菌和放线菌的活动,如果数量达到了100%,那么,效果相对较差。如果数量只有25%,那么效果最差。所以,大致可以发现和培养微生物数量较多时，产量也相对较好。该研究的结果表明，如果秸秆还田适量，那么土壤当中的微生物含量也会有一定程度的增加，进而土壤作物的产量就会有所提升。除此之外，研究发现，使用不同的秸秆还田方式时，土壤当中微生物含量的变化也会有所不同。与此同时，在使用同一种秸秆还田方式的情况下，酸性土壤和碱性土壤当中可培养微生物的含量变化也有所不同。

综合来看，经过秸秆还田处理的土壤大部分可培养微生物的含量都有所增加，特别是细菌，它的数量增加较为稳定，在不同的研究项目当中，增加结果基本一致。而土壤当中细菌数量的增加，也会带动作物产量的增加。秸秆还田除了影响细菌数量之外，也促进了病原真菌的生长与繁殖，这在一定程度上导致下茬作物面临更多的病害。

(三)秸秆还田对土壤微生物功能菌群数量的影响

在研究秸秆还田对具体微生物种群产生的影响时，需要将各种各样的微生物种群分开研究，以此来确定秸秆还田对具体微生物种群数量的具体影响。

秸秆还田之后的土壤当中会出现较多数量的碳素营养，在这样的情况下，土壤当中氮元素和碳元素的数量比就会不平衡，如此一来，土壤微生物会调控与氮素循环有关的微生物，以此来完成土壤养分的降解以及转化。这也说明：在实施秸秆还田的过程中，如果想要快速完成还田，那么需要注重土壤当中氮素的配置。

第二节　作物秸秆对植烟土壤的影响

农作物光合作用的产物有一半以上储存在秸秆中，所以秸秆富含氮、磷、钾、钙、镁和一些微量元素，与此同时，秸秆的粗纤维含量高，并含有木质纤维素和甲基纤维素。举例来说，在常见的几种秸秆中，水稻秸秆的含氮总量最多，铁和锰的总含量也是最高；旱地生长的小麦秸秆则是含碳量最多，和稻草一样含有钾；菜籽油秸秆中的总磷量、总硼量、总钼量是最高。

一、秸秆还田对植烟土壤肥力的影响

(一)秸秆还田对烟田土壤物理性质的影响

秸秆还田是一项有效的增产措施,对于土壤的物理性质具有很大的改善效果,综合利用可以起到非常好的效果。不仅可以增加土壤的孔隙度,使得土壤密实度下降,从而更好地改善通气和水分状况,还可以降低土壤容量,更好地锁水固土,使得农作物大大增产。

1. 土壤容重

土壤容量是对土壤层松紧度所做的物理性质的指标。秸秆含有的纤维可以很大程度地降低土壤容量,秸秆还田的量和土壤容量成反比。

2. 团粒结构

秸秆还田能显著提高总空隙度和毛管孔隙度,并形成良好的土壤团粒结构,改善退化的土壤。秸秆还田后,0～10m 土层土壤总孔隙度增加 10.99%～16.37%,20～30cm 土层土壤总孔隙度增加 8.97%～34.16%。且粉碎的秸秆在提高土壤层团聚的稳定性方面的实际效果要优于长秸秆。与没有秸秆的处理相比,粉碎秸秆还田土壤＞0.25mm 团聚体的含量增加,＞5.00mm 水稳性团聚体含量显著提高 120.5 倍。

3. 土壤水分

秸秆还田对于土壤的蓄水量也有很大程度的改善,秸秆的结构中通,可使得水汽的蒸发减少,对于存储雨水也起到了非常好的效果,可以减少农田耗水。有实验表明,冬季之前如果在麦田上覆盖秸秆,再和不做秸秆还田的试验田相对照,在植物的生长期间,秸秆还田的土壤层的蓄水量增加了 47.3mm;玉米秸秆还田后,表层土壤 0～40cm 的土层含水量、集雨量大大提高,不同深度的土壤也会因为水分的储蓄大幅提升而养分得到大幅提升。

(二)秸秆还田对烟田土壤物理性质的影响

1. 土壤有机质

作为反映土壤质量的关键指标,土壤有机质的存在使得研究土壤的质量得到有效证明。土壤中所存在的有机质的数量和质量包括微生物的活性对于土壤的影响非常重要,这也就表明了秸秆还田的重要性。秸秆在田间分解后自身所含有的碳元素等化学元素储存在田间,增加了土壤的有机碳含量,增强了土壤的肥力,研究表明,秸秆还田后土壤中有机碳的含量增加了14.01%,与此同时,土壤层0～20cm中相对平均密度也比土壤碳密度增加9.18%。当然,也要适度耕作,过度耕作会导致田间秸秆未来得及分解就被消耗,土壤层的有机碳含量和有机碳的相对密度就不会增加,反而会减少。秸秆还田是一项漫长的工作,秸秆的分解依赖自然作用,所以对于表层土壤的作用最强。表层土壤的增加与有机碳含量成反比,在研究中,表层0～20cm的有机碳要多于深层土壤。在表层的30～50cm的土壤中,有机碳的含量明显减少,在表层总和中仅占比24.0%～35.6%。秸秆还田对于土壤有机质的增加作用不可或缺,要注重土壤有机质的提高,实现增产。

2.土壤氮磷钾

农作物生长离不开氮、磷、钾,秸秆含有非常丰富的氮、磷、钾资源,秸秆还田是自然资源的重新利用。秸秆的分解可以释放养分,增强土壤中的总氮、磷、钾和其他微量元素,还有一些速效氮、磷、钾的含量,秸秆还田越多,土壤的养分也就越多,这是传统有机肥不可替代的。研究表明,在两块田地中,秸秆还田的田地土壤层总氮含量提高了3.25%～11.2%,有效磷、有效钾等都得到了有效提升,这对于农作物产量也有增加作用。研究表明,75%的秸秆还田对于土壤有机质影响最大,有效地增加了3.54%的总氮含量,3.97%的有效磷,10.28%的有效钾含量,对于其他化学元素也有增益。

(三)秸秆还田对烟田土壤微生物的影响

微生物的分解至关重要,在自然循环中微生物具有不可替代的作用,土壤微生物在土壤层的养分循环、生物化学、土壤矿化过程中积极发挥作用,分解有机物以提高土壤肥力,促进营养物质的不断转化。

1.微生物总数

一般来说，土壤微生物包括土壤层中的细菌、芽孢杆菌以及病原菌，它们的总数就是土壤微生物总数，它们的存在关系到土壤的肥力。土壤微生物的躯体含有大量的微生物量碳(MBC)、微生物量氮(MBN)，微生物的死亡会使得这些养分进入土壤层，为植物提供大量养分。一般来说，土壤微生物含量越多，土壤肥力也会明显增强。微生物的生长量与秸秆还田量相关，秸秆还田量越多，微生物生长养分越多，秸秆中的碳、氮会为微生物提供非常丰富的碳源、氮源，秸秆的分解也会为微生物菌株的生长提供良好环境。但微生物与秸秆还田要保持一个合适的量，研究表明，秸秆还田量与微生物的菌株存在先增加后减少的效果，所以存在一个最佳还田量，研究得出三分之二的秸秆还田量可以使得微生物总量达到最大，土壤肥力达到最强。

2.土壤酶活性

土壤酶是一种生物催化剂，可以催化土壤层的各种生物化学反应，其活性对土壤肥力至关重要。土壤酶是土壤层中活跃的有机化学成分之一，主要来源于土壤微生物、植物根系分泌及动植物残体分解，包括氧化还原酶类、水解酶类、裂合酶类和转移酶类，与土壤营养元素循环、植物营养等密切相关，是评估土壤有机质水平和土壤健康的关键指标值。作物秸秆还田可以显著提高土壤荧光素二乙酸酯水解酶、碱性磷酸酶、β—葡糖苷酶、纤维素酶和脲酶等水解酶的活性。粉碎的玉米秸秆返回田间后，土壤层的脲酶、磷酸酶和转化酶活性水平分别提高了19.6%、39.4%和44.3%。秸秆添加量越大，实际效果越明显。

二、秸秆还田与覆盖对土壤性状的影响

秸秆还田的优势极其明显，在秸秆还田后，土壤的各方面效果得到改善提升，例如土壤容量下降、含水量增多、孔隙增多等，透气效果和蓄水量的改善，使得有益微生物的数量增多，放线菌、磷细菌、钾细菌等数量提

升。与之相反，有害微生物例如真菌、细菌、霉菌都会得到抑制，显著减少。(表2—2、表2—3)。

表2—2　秸秆还田与覆盖对土壤含水量与容重的影响

处理	土壤含水量(%)	容重($g \cdot cm^{-3}$)
麦秆还田	9.538	1.02
稻草还田	10.472	1.08
麦秆覆盖	12.563	1.12
稻草还田	12.876	1.27
薄膜覆盖	7.452	1.24
无覆盖(CK)	8.246	1.25

表2—3　秸秆还田与覆盖对土壤微生物数量的影响(个/克土)

处理	细菌 $\times 10^{7}$	真菌总数 $\times 10^{5}$	霉菌 $\times 10^{5}$	放线菌 $\times 10^{5}$	磷细菌 $\times 10^{6}$	钾细菌 $\times 10^{6}$	硝化细菌 $\times 10^{6}$	反硝化细菌 $\times 10^{6}$
麦秤还田	4.62	4.32	3.42	4.12	20.12	18.6	5.38	3.25
稻草还田	5.64	4.66	4.12	3.89	22.3	40.5	1.3	2.69
麦秆覆盖	9.83	7.81	4.22	0.14	15.8	5.46	6.56	1.54
稻草覆盖	8.43	6.42	5.66	0.18	36.42	3.64	4.26	2.84
薄膜覆盖	6.32	6.38	5.23	1.23	40.57	3.21	3.84	10.43
无覆盖(CK)	10.52	7.81	2.89	1.35	8.81	1.54	4.58	8.21

(一)秸秆还田与覆盖对烟叶经济性状的影响

在研究秸秆还田和覆盖对于烟叶经济状态的实验中，烟田的不同处理的方式对于产量、产值、质量都会有很大影响。分析表2—4，可以发现稻草覆盖、麦秆覆盖、地膜覆盖和对照组没有显著差异，但是在麦秆还田、稻草还田上可以发现差异明显。研究发现麦秆还田和稻草还田的产量产值都低于CK；稻草覆盖和麦秆覆盖的产量略低于CK，但是产值高于CK，分别高出3.54%和6.71%，此处表明了覆盖对于烟田的帮助；在地膜覆盖方式中，产量和产值均高于CK，但上、中等烟的占比不如麦秆、稻草还田，麦秆、稻草覆盖。表中数据表明，其余处理方式在中、上等质量上有所提高，其中麦秆覆盖的上等烟率提高最多，比CK高出20.35%，均价也是最高。

表2—4 不同处理主要经济性状比较

处理	产量(kg/hm²)	产值(元/hm²)	上等烟(%)	上中等烟(%)	均价(元/kg)
麦秆还田	2216.49a	21872.7a	46.99	90.15	9.87
稻草还田	2057.45a	20596.85a	47.50	89.40	10.01
稻草覆盖	2411.9ab	24186.8ab	47.14	86.26	10.03
麦秆覆盖	2456.9ab	24929.8ab	49.2	89.78	10.15
地膜覆盖	2554.6bc	25266.4bc	43.99	88.14	9.89
无覆盖(CK)	2500.05c	23360.25c	40.88	88.52	9.34

(二)不同处理对原烟化学成分的影响

从表2—5可以看出，不同处理对原烟化学成分的影响差异不明显，稻草覆盖总糖、还原糖最高，各处理对烟碱的影响差异不明显，无覆盖(CK)氯含量最低。

表2—5 各处理原烟化学成分(中部叶)

处理	总糖(%)	还原糖(%)	总氮(%)	烟碱(%)	氯(%)	钾(%)	淀粉(%)	蛋白质(%)	糖碱比
麦秆还田	33.73	26.07	1.96	3.45	0.131	1.63	4.7	8.51	9.77
稻草还田	30.45	25.64	1.73	3.52	0.120	1.81	3.34	7.04	8.64
稻草覆盖	34.10	27.03	1.67	3.02	0.232	1.61	3.59	7.2	11.28
麦秆覆盖	30.54	24.07	1.56	2.97	0.179	1.88	3.13	6.57	10.3
地膜覆盖	28.39	22.74	1.89	3.41	0.121	1.97	3.08	8.16	8.33
无覆盖(CK)	33.69	25.79	2.04	3.26	0.098	1.67	3.58	9.23	10.32

根据以上的研究，得出一些适合烟田种植的结论方法。在栽培方式上，以试验区特定的气候、土壤条件来说，采用小麦覆盖和稻草覆盖的方式最好，因为可以使得烟株早点发育生长，这样可以保证形成适宜的规模，达到产量适宜、烟叶等级最优的效果，获得单位面积最大的经济效益，实现产量产值的最优解。在所有处理方式中，小麦覆盖的烟叶等级比率和均价最好，地膜覆盖的优势在于产量产值大，但是上等烟比率最低。在

团棵期之前的覆盖选择上，最好采用小麦覆盖，其次是稻草覆盖，覆盖的保湿保热作用可以使得烟草生长加快，营养增多，拥有比较强壮的根系和枝干，实现增长。在所有处理方式中，小麦还田因为分层落黄较早，实用性不及小麦覆盖。综合选择，比起小麦覆盖，地膜覆盖可以作为次级选择，CK 是众多处理方式中效果最差的，无法保湿保温，会使得养分流失，水土流失。所以对于本地区土壤种植来说，小麦覆盖是最佳选择，小麦还田也是一项适宜的好方法。小麦覆盖的效果最好，可以实现适产、优质的统一，单位产值高，烟草的中上等比率高，均价高，所实现的收益最大化。作为农产品的剩余物，小麦秸秆的成本低，对于烟民来说经济成本低，较好推广。小麦覆盖的效果可以集中表现在保养、蓄水、抑草三个方面。保养方面，小麦秸秆本身富含大量氮、磷、钾，在覆盖时间中被分解，给植物提供营养，还可以降低土容量，使土壤更加疏松通气，这样又为有益的微生物提供适宜的生长环境，同时遏制有害细菌、霉菌、真菌等生长，有益的微生物分解也会为土壤带去养分。在蓄水方面，比起地膜无法让雨水进入土壤，小麦秸秆不仅可以吸收雨水，还可以储存雨水，中通的结构可以让水分分布均匀。在抑草方面，小麦秸秆可以有效防止杂草的生长。小麦秸秆无毒无害，绿色环保，使用小麦秸秆来种植烟草，可以实现生态、经济、社会效益的结合，这也符合新时代中国农业的发展目标。

但在地膜覆盖方式上，研究发现地膜覆盖会导致烟草生长前期水肥利用效果较差和后期中层肥利用集中，这样会使烟草返青收获效果差，而且栽种后由于雨水突发增多马上覆膜，前期的自然生长不足，后期的雨水较多使得干物质太少和营养及透气效果不好，为了严谨研究需要在不同年份继续实验。同时在秸秆被分解的过程中所产生的动力学特征也需要进一步深化探讨。

三、秸秆还田对植烟土壤中微生物结构和数量的影响

不同处理条件下，植烟土壤中的微生物数量见表 2－6。统计分析结果见表 2－7、表 2－8。

从表2－7、表2－8可以看出。试验田施加7500kg/hm^{2}的小麦秤糠、9000kg/hm^{2}的玉米秤糠和15000kg/hm^{2}的玉米秤糠都能显著或极显著地增加20～40cm耕作层中微生物的数量；但是在0～20cm的耕作层中。施加小麦秤糠或玉米秤糠与对照之间微生物的数量均无显著差异。

表2－6　试验田各处理土壤微生物数量　个/g

处理	土层	细菌总数	放线菌总数	霉菌总数	解磷菌	解钾菌	硝化细菌	反硝化细菌
小麦秆糠	0～20cm	5.25×10^{7}	3.15×10^{6}	1.60×10^{5}	4.80×10^{7}	5.33×10^{7}	1.20×10^{5}	2.30×10^{6}
	20～40cm	5.55×10^{7}	1.08×10^{6}	2.15×10^{4}	4.05×10^{7}	5.50×10^{7}	7.00×10^{4}	5.00×10^{6}
玉米秆糠	0～20cm	6.45×10^{7}	3.68×10^{6}	2.00×10^{5}	4.50×10^{7}	6.23×10^{7}	5.00×10^{4}	7.00×10^{6}
	20～40cm	7.65×10^{7}	1.00×10^{6}	1.78×10^{4}	4.00×10^{7}	8.23×10^{7}	1.20×10^{4}	5.00×10^{6}
玉米秆糠（加强）	0～20cm	6.45×10^{7}	4.48×10^{6}	1.43×10^{5}	3.35×10^{7}	4.83×10^{7}	1.20×10^{4}	5.00×10^{6}
	20～40cm	9.68×10^{7}	1.70×10^{6}	1.80×10^{4}	5.05×10^{7}	7.80×10^{7}	2.70×10^{5}	1.20×10^{7}
对 对照	0～20cm	7.75×10^{7}	6.40×10^{6}	1.05×10^{5}	5.10×10^{7}	4.28×10^{7}	1.20×10^{5}	2.40×10^{6}
	20～40cm	2.18×10^{7}	1.98×10^{5}	4.53×10^{4}	8.25×10^{6}	1.33×10^{7}	7.00×10^{4}	2.00×10^{6}

秸秆的秆糠对土壤的微生物有显著的增加效果。在下表2－7、2－8中，根据研究得出，玉米、小麦的秆糠对于提高土壤中的微生物有极大帮助。秸秆中富含大量氮、磷、钾等元素，打成秆糠更利于分解吸收，微生物可以更快地获取营养，进行繁殖，所以微生物数量增多，土壤的活性也增强。秆糠自身也会携带微生物，在土壤中繁殖，秆糠的覆盖会形成保温保湿的作用，对于微生物的存活也是极大帮助，土壤的疏松性都得到了提升，对于微生物来说也是更好存活。所以秆糠对于土壤中的微生物具有很好的提升效果。

表 2－7　上层(0～20cm)土壤不同处理条件下微生物数量差异

处理	对照	小麦秆糠	玉米秆糠	玉米秆糠(加强)
对照	—	—	—	—
小麦秆糠	0.568	—	—	—
玉米秆糠	－1.911	－0.585	—	—
玉米秆糠(加强)	0.347	0.708	1.922	—

注:数值为两对应样本的 t 值;“－”表示无显著差异

表 2－8　下层(20～40cm)土壤不同处理条件下微生物数量差异

处理	对照	小麦秆糠	玉米秆糠	玉米秆糠(加强)
对照	—	* *	*	* *
小麦秆糠	－4.512	—	—	—
玉米秆糠	－3.329	－0.678	—	—
玉米秆糠(加强)	－4.240	0.967	－1.696	—

注:数值为两对应样本的; 值;“－”表示无显著差异,“ * ”表示有显著差异,“ * * ”表示有极显著差异

从表 2－6 中可以看出,微生物数量的改变主要体现在 20～40cm 土层,这可能与烤烟根系分布活动有关,烤烟根系可以深达 30cm。在烤烟生长过程中,烤烟根系不仅从环境中吸收养分和水分,同时也向土壤中溢泌和分泌大量的有机物,这些物质和根组织脱落物一起统称为根产物,根产物为根际微生物提供了营养和能源物质,使根际微生物的数量和活性远远高于根际外土体。

从几大类微生物的结构看,细菌数量最多,放线菌霉菌数量较少,反硝化细菌(厌养和兼性厌养)数量较多,硝化细菌(好养)数量较少,这也从微生物结构上反映出黏质红壤透气性差的本质;另外,从数量上看,解磷菌、解钾菌(包括细菌、放线菌、霉菌中的解磷解钾类群)都很高,说明土壤中总 P、K 含量并不低。但上层土(0～20cm)和下层土(20～40cm)中 P、K 的含量差异都较大,下层土壤(根系分布区)仍有缺 P 现象。

从大田试验结果看出,秸秆还田能改善土壤的结构,从而增加土壤微生物的数量,因此秸秆还田这一传统的耕作措施在今天的生产实践中仍有重要的现实意义。

第三节　作物秸秆对植烟土壤的改良效果

一、作物秸秆还田对烤烟生长发育的影响

在作物生长发育和产量方面，秸秆还田所发挥的作用存在一定的差异性，反映在研究成果上就是，秸秆还田能够使作物实现更好地生长发育，也能够实现增产的效果。当然，还存在一种观点，认为作物产量的减少在一定程度上也受到秸秆还田的影响。

作物秸秆是作物生物体的重要组成部分，在作物生长期间从土壤中吸收了大量的土壤养分，使得养分在土壤—作物—土壤中循环利用。有研究表明，使用麦和覆盖栽培，能够使土壤中全氮含量提高 0.014%，碱解氮增加 14ug/g，速效磷增加 56.7ug/g，速效钾增加 56ug/g，在 0～20cm 土层内，全氮、碱解氮和速效磷含量随覆盖量的增加而增加。而由于作物秸秆中的绝大部分是有机成分组成，施入土壤能被微生物分解为能量物质留于土壤中，使其成为土壤有机质来源。相关研究发现，秸秆覆盖还田后，有机质增加了 0.21～0.57g/kg，另据相关试验结果表明，施用氨肥处理的土壤有机质含量比试验前增加 0.1%，而秸秆还田处理增加 0.19%。施入秸秆者松结态腐殖质含量比对照要提高 0.059%，腐殖质组分中新鲜的有机质含量也高，能保持地力常新。

秸秆还田通过改变农田土壤容重、土壤孔隙度等土壤结构从而影响土壤水热状况和养分供应，进而影响作物生长发育特性，最终影响作物产量。相关研究表明，秸秆还田能有效提高汉中盆地稻田土壤有机碳含量和水稻产量；且大田试验研究得出秸秆还田可提高西南山区水稻、油菜产量，增强土壤氮素固持能力。秸秆还田对作物产量的影响通常与土壤类型、施肥水平和还田方式有关。更有相关研究表明，通过连续 7 年在江苏的秸秆全量还田试验发现，秸秆还田对作物产量的影响与土壤中氮磷钾含量相关：秸秆还田在推荐的氮磷钾施肥水平下对水稻并没有显著的增产效果，对于小麦则在第 7 年才出现显著的增产效应；但当土壤中存在氮

磷钾某一种元素缺乏时，秸秆还田就能有显著的增产效应。在推荐氮磷钾肥施用量下，水稻秸秆还田后小麦产量有所降低。还田秸秆的钾素可不同程度地替代部分化学钾肥施用，其中烟杆还田配施钾肥对水稻增产效果显著。秸秆还田不仅能显著提高土壤中有机碳和速效钾含量，还使土壤总氮含量有所增加。秸秆还田的增产效应总体上随着还田时间的增加而逐渐显现。长期水稻秸秆还田处理提高了土壤氮矿化量，增加了水稻和玉米的氮吸收，但短期内对提高作物产量和氮吸收量的效果不显著。有研究认为，秸秆还田前期会出现固氮效应从而影响作物产量，相关试验结果也表明，高碳氮比的作物秸秆分解会促进土壤速效氮的固定，从而导致下茬作物氮素的亏缺。

在烤烟生产中，秸秆还田可以提高烟叶产量，改善烟叶品质。相关研究结果表明玉米秸秆促腐还田不仅可以改善烤烟的农艺性状，提高产量；还能降本增效，使烟叶含糖量和含钾量增加，提高烟叶质量。秸秆还田可以改善土壤结构，有效地促进烤烟根系的生长发育，有利于烤烟对土壤养分的吸收，增加烤烟的生物量累积，从而进一步提高烤烟的产量。相关研究人员针对皖南烟稻轮作区的试验研究表明，三种水稻秸秆还田方式都有利于提高土壤的团粒结构和稳定，增加烟叶的经济效益，其中以水稻秸秆粉碎还田效果最优。不同作物秸秆还田后烟株高度、烟叶产量产值、烟株茎围显著提高了，促进了农艺性状的改善，烟叶均价、级值水平和上等烟比例也得到不同程度提升，其中以油菜秸秆还田效果最佳。小麦秸秆还田对烤烟生长和烟叶品质有着积极的影响，有利于烟叶中烟碱、总氮和氯离子的降低，总糖、还原糖、钾含量、糖碱比及钾氯比的提高，化学成分更趋于协调。

二、作物秸秆还田对烤烟产量和品质的影响

(一)水稻、玉米秸秆粉碎翻压还田对烤烟生长发育的影响

在烤烟生产中应用有机肥并没有得到广泛普及，这是因为，将有机肥应用于烤烟生产中，会导致土壤在一定程度上出现氮素供应前轻后重的情况，从而导致烟株生长出现前期缓慢、后期贪青晚熟的结果，极大地危

害烟叶的品质提升。根据美国专家的观点，除了阻碍烤烟的早期生长，有机肥的缓效性也会对烤烟的成熟和落黄产生影响，最终导致初烤烟叶的低品质；在很多研究者看来，高品质、高质量的作物生产都能通过合理配施有机肥与化肥来实现。

相关人员进行了关于秸秆还田对土壤微生态环境和烟叶品质的影响研究，实验中涉及6种不同的试验处理（表2—9）。

表2—9　水稻、玉米秸秆粉碎翻压还田试验

编号 No.	处理 Treatment	
CK	水稻、玉米秸秆均不还田	不施氮磷钾肥
CK—F	水稻、玉米秸秆均不还田	施氮磷钾肥
R—F	水稻秸秆粉碎翻压还田，玉米秸秆不还田	施氮磷钾肥
M—F	玉米秸秆粉碎翻压还田，水稻秸秆不还田	施氮磷钾肥
RM—NF	水稻、玉米秸秆均粉碎翻压还田	不施氮磷钾肥
RM—F	水稻、玉米秸秆均粉碎翻压还田	施氮磷钾肥

其中，与对照处理组相比，施肥处理组的烤烟生长情况明显要更好。在整个烟株生育期内，水稻秸秆粉碎翻滚压还田处理区烟株的生长情况要稍差一些，而玉米秸秆粉碎翻压还田，同时配施氮磷钾肥区的烟株长势更好，而烟株长势最好的处理试验区则是将两种秸秆同时进行粉碎翻压还田和配施化肥处理。

（二）水稻、玉米秸秆粉碎翻压还田对烤烟产量的影响

分析图2—1中6种不同的试验处理可知，烤烟产量呈现出从左至右逐渐递增的趋势。试验处理方式不同，相应的烤烟产量增长幅度也呈现出明显的差异性，当对其统一施肥时，水稻秸秆粉碎翻压还田试验处理下的烤烟产量要低于玉米秸秆粉碎翻压还田处理下的烤烟产量，倘若两块处理区同时以粉碎翻压还田和配施化肥处理，相较于单独还田，混合处理方式下的烤烟产量呈现出了明显上升的趋势（分别增加了535kg/hm^2、459kg/hm^2），这充分表明，水稻、玉米秸秆均粉碎翻压还田极大地促进了烤烟产量的显著增长（见图2—1）：

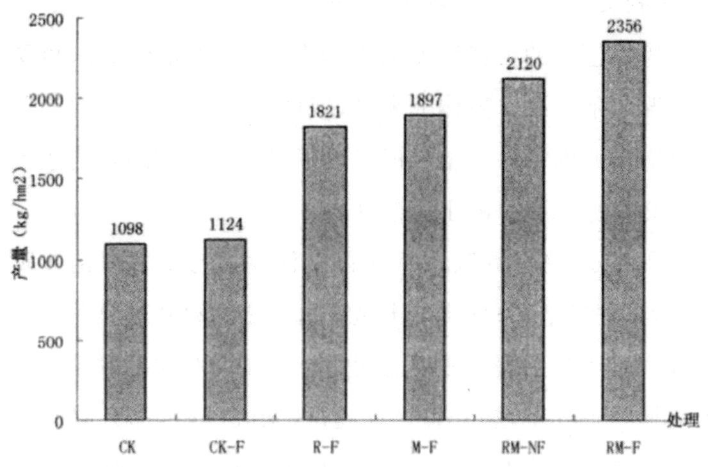

图 2－1　秆粉碎翻压还田对烤烟产量的影响

(三)水稻、玉米秸秆粉碎翻压还田对烤烟品质的影响

从表 2－10 中可以看出，烟叶中的成分都有所增加，不同的处理增加的幅度有差异。

表 2－10　秸秆粉碎翻压还田对烤烟品质的影响

处理	总糖(%)	总氮(%)	还原糖(%)	烟碱(%)	总钾(%)
CK	21.31cB	1.72cB	14.44cB	1.93cB	2.05cB
CK－F	22.44bcAB	1.78bcAB	19.63bcAB	2.17bcAB	2.09bcAB
R－F	25.16abcAB	2.03abcAB	20.71abcAB	2.22abcAB	2.14abcAB
M－F	26.07abAB	2.11abAB	21.09abAB	2.37abAB	2.54abAB
RM－NF	28.93aA	2.31aA	23.34aA	2.41aA	2.73aA
RM－F	29.37aA	2.44Aa	23.69aA	2.59aA	2.91aA

注：以上数据均是采取的上部叶所测出的平均值，每组同列的不同字母表示差异显著性水平；小写字母为 5%显著水平：大写字母为 1%极显著水平。

从烤烟整体质量的角度来看，水稻秸秆粉碎翻压还田处理下的烤烟品质明显不如玉米秸秆粉碎翻压还田处理下的烤烟品质，但倘若在粉碎翻压还田处理的基础之上，再进行施肥处理，烤烟的整体质量要远远优于单独还田，这充分表明，水稻、玉米秸秆均粉碎翻压还田极大地促进了烟叶质量的显著提高。

(四)秸秆还田改良土壤提高烟叶品质的应用研究

从优质烤烟生产的可持续发展方面考虑,必须正确认识和妥善解决土壤环境每况愈下情况。整体上来讲,烟草往往在通透性较好、养分和水分充足且供应协调的条件下生长情况更好,这也就意味着,若想提高烟草的整体品质必须保障良好的土壤条件。

相关调研显示,烟叶评吸质量在很大程度上与土壤理化性质具有直接关系。比如,香气量、香气质与土壤有机质之间存在着显著的正相关关联,同时,香气质还与土壤速效钾之间保持着正向相关的联系,也就是说,通常产出的烟叶香气质越高、香气量越足、杂气越轻,那么它所生长的土壤中一定富含丰富的有机质,同时,当土壤中所含有的速效钾含量越高时,香气质也会提高。因此,若想实现烟叶品质的有效提高,最直接有效的途径之一就在于使其生长于有机质和速效钾含量较高的土壤中,只有这样,才能通过土壤的改良、地力的培肥来保障烟叶生长所需的养料。

作物秸秆中富含较高的 K 含量,因此,秸秆还田处理后也会带动土壤中 K 含量的提高。有机态在微生物体内不易形成,但有机物施用的数量、腐殖化系数以及土壤中原有有机质的矿化率却会决定土壤中有机物的变化情况,与秸秆直接还田相比,高 CN 的腐殖化系数要更高。一方面,它在土壤有机质积累过程中扮演着重要角色,是提升 HA 含量、增加 HAFA 和松紧结合态腐殖质比值的重要途径,另一方面,它还对土壤有机无机物复合程度的改善、土壤有机质活性的提高具有重要的促进作用,而以上诸多成效均能促进维持和提高土壤有机质目标的实现。

根据大量的实验数据,与秸秆直接还田相比,高 CN 在实现土壤速效钾和有机质含量提高方面的作用更加明显,此外,它还可以促进其他土壤肥力因子的提高、带动土壤中水稳性团聚体的形成、有效降低容重、增加总孔隙度,并在过程中,使土壤速效 NPK 和部分中微量元素含量提高、土壤结构性和耕性改善以及土壤中微生物及各种酶的活性提高等。总之,从改善烟叶植烟土壤和提高烟叶品质的角度来讲,秸秆直接的作用发挥主要表现为养分平衡效应、生物活性物质效应和生长环境的协调作用。

轮作是美国烟草生产过程中极为关注的重要方式，而秸秆粉碎还田和对pH值的调整就是在轮作周期内种植豆科作物或绿肥的重要任务，同时也是实现用地、养地有机统一的重要途径。

在烤烟之前种植C/N比较高的黑麦草，通常只需要粉碎后直接还田或直接翻耕还田即可，这样就省去了特别处理的各种投入，这一技术在福建省很多烟区的烤烟生产中得到了广泛应用，也就是在烟草种植起垄前轧碎，还田前作稻草，这一标准化技术取得了良好的实验效果，在全省范围内得到了广泛普及。而山东省为了有效缓解土壤恶化情况，除了采用了可持续的发展战略以逐步改良土壤之外，最主要的途径就在于对毛叶苕子的秸秆还田和种植。

当前，越来越多的烟农开始认可和普及河南、山东的烟田秸秆覆盖措施，但整体上来讲，尽管秸秆直接耕翻极大地改良了植烟土壤，但同样产生了极为严重的当季烟叶品质负效应。相关资料显示，在矿化作用下，土壤中的有机态N转化成为无机态N，并为作物N提供了丰富的营养，整体上来讲，土壤有机N的矿化作用满足了作物50％的N吸收需求量。但在我国和美国部分学者看来，有机氮的缓效对烤烟的早期生长、烤烟品质的整体提升产生了一定的阻碍，以烤烟大田90天的生长期为调研对象可以发现，总氮中的30％～50％都来源于有机肥的氮素释放。因此，他们对于将有机肥施用于烤烟上的做法(包括秸秆还田)持有一定的反对意见。相较于秸秆直接还田，高CN后的秸秆中介入了大量的有机碳，从而极大地改变了土壤N矿化固持过程的强度和时间。前期产生的N素生物固持作用提高了土壤的有机N素水平，但没有改善无机N素的匮乏状态，由此便引发了作物与土壤微生物对N素的竞争现象，也就是通常所说的“N饥饿”现象。到了后期，相对较为强烈的有机N的矿化作用产生。这与烤烟的需肥规律存在相悖性，倘若用量过大，就会出现前期缓慢发棵、后期延迟旺长和成熟的现象，由此便会对烤烟的正常生长发育造成一定的阻碍，而且，土壤有机N的矿化是烟株后期吸收氮素的主要来源，对于烟叶质量的提高而言，后期土壤有机N的矿化量具有重要作用，这是因为，烟叶，尤其是上部烟叶的烟碱浓度在很大程度上会受到土壤后期供氮情况的影响。

同时，土壤后期供N水平与烟叶烟碱含量，尤其是上部烟叶的烟碱浓度之间存在着正向关联，前者的提高必定会带动后者的增加，这种关联直接导致了烟叶的低品质。根据相关试验研究结果，当采取了秸秆还田，同时配施了适量化肥时，植烟土壤可以得到有效改良、烟叶品质会得到显著提高。以四种植烟红壤（酸性、微酸性、微碱性、碱性）为基础，相关研究人员又将适量化肥增施小麦秆、玉米秆，以此来研究有机物影响下的烤烟产量、产值和烟叶品质。研究结果显示，在烤烟移栽前增施小麦秸秆，可以使烟叶产值得到显著增加，同时也带动了评吸综合得分达到最佳值，但烤烟质量和烟叶化学品质并未受到以上因素影响。此外，相关人员还围绕小麦秸秆还田影响下的烤烟主要农艺性状、质量、产量和病害发生率等展开了研究。结果显示，施N量为2kg/667m^{2}和4kg/66m^{2}时，施秸秆状态下的烟叶总量增加了122％和139％，产值也分别获得了47.65％和3925％的增长，可以说，施与不施秸秆所产生的结果存在较大的差异性，比如烟叶中的总糖含量方面，施秸秆要明显高于不施秸秆，而在烟碱、总氮及蛋白质含量方面，前者要远远低于后者。另外，秸秆的应用，也在一定程度上改善了烟叶的劲头、杂气、香气量、香气质和刺激性等，在秸秆直接还田方面也有混合施用有机氮和无机氮的情况。与单施化肥相比，大田烤烟生长情况、烟叶化学成分并没有出现显著区别，化学成分仍在可协调范畴之内。秸秆还田在烟叶总糖和钾含量的整体提高、烟碱和氯含量的整体下降以及烤烟品质的改善、经济效益的提高方面同样发挥着举足轻重的作用。研究表明，当土地以玉米秤糠和小麦秤糠做肥料后，生育后期烤烟根际土壤Eh得到了显著提高，烤烟根际土壤的通透性也得到了大大改善。

禾本科秸秆处理能够使烤烟在中前期实现良好生长，小麦秆糠和玉米秆糠的施用，能够使土壤在团棵至旺长期有效保持较高的氨素供应水平，从而实现烤烟产量和质量的双重提高；进入生长后期，供氮水平大幅下跌，这一时期烟叶褪色落黄水平较高，这为烘烤调制提供了极大便利。而禾本科秸秆的处理与应用，大大改善了烤烟根系环境，使烤烟的干物质积累和产量得到了有效提高，同时大大增加了小麦秸秆处理和玉米秸秆处理的整体产值，小麦秆处理与对照之间的差异也十分明显，产生了257％的增值。但是，玉米秆处理产值与对照之间的对比并不明显，但也达到了89％的平均增值，施用小麦秤和施用玉米秆后，田烟的烟叶糖碱、氮碱比之间呈现出合理的对比。在烟叶内在品质的提高方面，禾本科秸秆的施用发挥了重要作用，当将小麦秆、玉米秆应用到田烟、地烟时，与对照相比，烟叶评吸得分均得到了显著提高，而禾本科秸秆的应用，增加了根际通透性、改善了营养条件，进而促进了烟叶抽吸质量的显著提高，此外，得益于秸秆覆盖作用，烟株农艺性状得到了有效改善，烟草产量和产值也得到了显著提高。相关研究人员通过实施秸秆覆盖，使产量比露地栽培平均增加7.76％，产值平均增加20.07％；秸秆覆盖与盖膜相比产量平均减少1.87％，但产值平均增加1273％。在高肥力植烟土壤上研究施用高CN比小麦秸秆对土壤理化性状的影响，结果表明在烟株上、中、下部叶成熟期等3个生育期。不同施氮水平下加秸秆处理可明显提高土壤0.25～10mm水稳性团粒数量，降低小于0.25mm小团粒数量，显著增加土壤水分含量，提高土壤pH，同时施用秸秆可显著降低烟株不同成熟期土壤中NH_4N和NO_3N含量，使土壤有效钾明显上升，而土壤P、Ca、Mg明显下降，S及B、Cu、Zn、Fe、Mn等元素有升高趋势，可见高肥力植烟土壤上施用CN比高的秸秆可以调控土壤养分供应，协调烤烟体内营养，改善土壤理化性质，有利于烤烟产量和品质的提高呵。总之，施用秸秆后由于改善了烟草根际土壤的通透性，烟草碳氮代谢协调，烤后烟叶上等烟比例显著提高，烟叶品质也显著提高，同时为改善烟叶品质提供科学依据及规范化技术，达到维护土地生产力，实现烟草可持续发展的目的。

对土壤性状和烟叶品质之间关系的研究，可以让人们对秸秆还田在改良和维护土壤性状方面的作用树立明确认识，这种明确认识将对科学生产措施的合理制定提供重要的指导意义，同时促进优质烤烟生产可持续发展的实现。同时,从对植烟土壤加以改良以带动烟叶品质提高方面来讲,高CN的使用所发挥的作用相较于秸秆还田更为明显。作为一种喜钾作物,烟株正常的新陈代谢、健康成长,乃至于烟叶品质的有效改善都离不开充足的钾素供应,也就是说,钾素促进了烟叶身份的适中性、增加了烟叶的弹性和柔性,同时显著改善了烟叶的燃烧力和持火力。此外,烟制品生产行业越来越关注通过焦油含量和焦油烟碱比的有效降低来提升烟制品的安全性,本质上来讲,这一理想目标的实现就需要使烟叶中的钾含量得到有效提高。有研究表明,适宜种植烤烟的土壤速效钾含量为120～200mg/kg,而目前我国有63.1%的植烟土壤速效钾含量低于150mg/kg其中有19.6%的土壤属于极度缺钾土壤。土壤速效钾含量低于80mg/kg平均含量仅为57.5mg/kg另有43%的土壤属于缺钾土壤,土壤缺钾仍然是制约烤烟生产的主要因素。烟叶含钾量达到40mg/g左右,其化学成分比较协调,香气质较佳,香气量较足。而含钾量小于30mg/g的烟叶,其化学成分欠协调,内在质量也不尽理想。秸秆还田恰好可以补充土壤速效K素,同时可以改善植烟土壤环境,促进烤烟根系的吸收,从而提高烟叶K的含量。而作物秸秆是一种全面的、综合的植物养分供应源,在改良土壤提高烟叶品质的应用上具有广阔的前景和深远的价值。

总之,对作物进行秸秆还田处理能够对土壤的理化性质加以改善,还可以使烟草持续发展得到有效维持。此外,无论是粮食作物高产稳产的实现,还是焚烧秸秆所引发的环境污染现象的明显改善,都可以通过秸秆还田技术来实现,秸秆还田的科学性、合理性、长效性具有广泛推广的重要价值。

三、作物秸秆还田对烤烟经济效益的影响

秸秆还田是农作物秸秆特别是麦秸、玉米秸秆综合利用的主要途径之一,约占小麦、玉米秸秆总产量的50%～60%。秸秆还田是改善土壤理化性状、培养土壤肥力的一项重要措施,据化验分析,作物秸秆中含有

大量的有机物和氮、磷、钾等矿质元素。其中小麦秸秆中含有机物84.41%、蛋白2.63%、氮0.58%、五氧化二磷0.27%、氧化钾0.56%;玉米秸秆(风干基)中含有机物78.49%、蛋白4.82%、氮0.49%、五氧化二磷0.39%、氧化钾1.67%。秸秆以还田的方式将有机物、氮、磷、钾和微量元素归还土壤,供作物吸收再利用,这种形式的回收再利用有效减少了烤烟生产层面的成本,实现经济效益的提高。

目前济宁市小麦、玉米秸秆若全部归还土壤,相当于666.7m^{2}每年增施有机肥2000kg尿素11.4kg、标准磷肥26.31kg、氯化钾12.26kg和微量元素肥料1.5kg。而购买以上等量化肥农民需支出67.56元。有些地方放火焚烧秸秆,不仅使大量的有机成分、氮、磷元素完全损失,而且造成土壤表层焦化,0～5cm土壤微生态环境遭受破坏。秸秆焚烧只能产生18kg(小麦、玉米两季)草木灰归还土壤,使本已偏碱性的土壤表层更加碱化,影响作物幼苗生长,而钾在土壤中易流失。焚烧秸秆残留的钾元素很少能被作物吸收利用,因此焚烧作物秸秆既浪费资源、污染环境,又破坏土壤结构和生态平衡。

秸秆还田虽然当年效果并不明显,甚至还要增施尿素8～10kg用以调节秸秆中的碳氮比例,但连续还田2～3年效果就会明显表现出来。据试验,在666.7m^{2}施尿素20kg、过磷酸钙50kg的同等条件下。设麦秸200～300kg直接还田、“301”菌剂快腐麦秸200～309kg还田、1600～2400kg麦秸玉米秸饲养大牲畜过腹还田3个处理与未搞秸秆还田只施化肥的作对照。第二年麦收后取土化验,0～20cm耕层土壤有机质比对照分别提高0.03～0.06个百分点、碱解氮增加4～7mg/kg、速效磷,增加2.4～3.3mg/kg、速效钾增加12～24mg/kg、土壤容重下降0.07～0.11g/cm^3、土壤孔隙度增加4%～8%、土壤含水量增加0.9～1.9个百分点,666.7m^{2}增产小麦55～75kg,增加产值75～108元,扣除机械作业增加的投入,666.7m^{2}增纯收益30～50元。

另据1995—2000年我们在济宁市任城区接庄镇王回庄村试验测定,小麦玉米秸秆连续5年还田秋深耕,0～25cm土壤有机质增加0.39个百分点，容重降低 0.2g/cm^3，总孔隙度增加 7.1%，土壤理化性状明显改善，保水保肥能力增强，全年化肥施用量减少 30%～40%，浇水次数减少 2～3 次，玉米、小麦两季均实现了超高产目标。即小麦 666.7m^3 产 550kg、玉米 650kg。全村 73.3hm^2 耕地增产增收和节本增效每 666.7m^2 平均在 200 元左右，每公斤秸秆产生的经济效益在 0.15～0.20 元，全市 33.3×10^4hm^2 小麦、18.7×10^4hm^2 玉米 50%的秸秆还田，3～5 年的时间就会大见成效，增产增效和减少化肥施用量带来的经济效益每 666.7m^2 按 60 元计算，全市年可增加农民收入 4 亿～5 亿元。

第三章 绿肥在植烟土壤改良中的应用

凡是直接翻压或割下堆沤作为肥料使用的鲜嫩作物都叫作绿肥，一般都是豆科作物，主要有紫云英、苕子、苜蓿、草木樨、田菁、肥田萝卜等。我国种植绿肥已有1500多年的历史，在世界上种植绿肥作物面积最大。但随着化肥用量的增加，绿肥种植面积大幅度减少，宣传和推广绿肥种植技术，已成为刻不容缓的事情。①

绿肥的利用应提倡一草多用，在轮作中应优先安排种植可用作饲料、粮食，蔬菜或工业原料的兼用绿肥作物，实现物质和能量的多层利用，提高经济效益，利用其生物固氮作用，既可提供优质饲料，又可利用根茬和牲畜粪尿培肥地力。

在复种指数高，农业人口集中的地方，可利用茬口、间作、轮作等方式发展豆科绿肥；在地多人少的边远地区，利用种植绿肥来改良低产土壤，把发展绿肥和生产饲料结合起来，采用多种方式综合利用，取得良好的经济效益。利用荒山荒坡隙地种植木本绿肥；利用可以放养水生绿肥的水面，发展水生绿肥。

绿肥含有氮、磷、钾等多种植物养分和有机质，是农业生产中一项重要的有机肥料。②

第一节 绿肥对土壤的影响

一、绿肥概述

(一)绿肥的基本含义和分类

绿肥是作为肥用或改良土壤用的一类植物。多数植物无论是人工栽

---

① 方树良.土壤肥料学[M].北京：中央广播电视大学出版社，2014.

② 涂仕华.常用肥料使用手册（修订版）[M].成都：四川科学技术出版社，2014.

培的还是野生的，都能用作绿肥。绿肥植物的种类繁多，目前我国已栽培利用和可供栽培利用的绿肥植物有300多种，其分类方法多样。

绿肥按栽培季节可分为冬季绿肥作物和夏季绿肥作物；绿肥按栽培年限长短可分为一年生或越年生绿肥作物、多年生绿肥作物及速生（短期）绿肥作物；绿肥按植物分类学可分为豆科绿肥作物和非豆科绿肥作物，其中常见的豆科绿肥作物有苕子、紫云英、紫花苜蓿、箭筈豌豆、草木、怪麻、田菁等，非豆科绿肥作物有十字花科的肥田萝卜和油菜，禾本科的燕麦和黑麦草，以及菊科的串叶松香草等；绿肥按来源可分为栽培绿肥作物和野生绿肥作物；绿肥按生长环境可分为旱生绿肥作物和水生绿肥作物。

绿肥的分布与生长具有强烈的地区性和严格的季节性。根据不同的耕作制度和土壤气候条件，我国绿肥作物的分布趋势是：在南方各省区，主要利用冬闲田栽种紫云英、苕子、黄花苜蓿、箭筈豌豆、肥田萝卜等。在水稻田可广泛放养细绿萍，在新开垦的红壤荒地、盐碱地上，主要利用作物换茬间隙种植夏绿肥，如田菁、怪麻、绿豆、饭豆、猪屎豆等。在秦岭、淮河以北及东北、西北各省区，主要种植一年生绿肥，如箭筈豌豆、草木樨、毛叶紫花苕、绿豆等。甘肃、新疆、陕西等省区常利用农田成片种植紫花苜蓿用作绿肥（紫花苜蓿在其他地区多用于固沙护坡）。分布比较广泛的绿肥植物有紫穗槐、沙打旺和胡枝子等。

农牧业的发展推动了绿肥牧草品种的引种和选育工作，也逐步改变着栽培品种的分布状况，使各地绿肥作物栽培品种趋于多样化，这为扩大绿肥资源的利用提供了物质条件。根据各地生产实践，应根据土壤、气候、前后作物茬口和劳动力等条件，因地制宜地选择绿肥作物品种。提倡豆科绿肥作物和非豆科绿肥作物、一年生绿肥作物和多年生绿肥作物、冬季绿肥作物和夏季绿肥作物以及旱地绿肥作物和水生绿肥作物并用，发挥不同绿肥作物的优势，以扩大对绿肥资源的利用。

由于各种自然条件和耕作制度不同，绿肥的种植时期和方式也不一样。因此对绿肥种类存在着几种不同的分法。现将各种区分法和名称简述如下。

1. 按来源区分

(1)栽培绿肥,又称绿肥作物。各地还有"苗粪""草子"等俗名,是绿肥的主体。

(2)野生绿肥,各地又称"秧草""山青"等,是利用天然自生的青草、水草和树木的青枝嫩叶做肥料,有少数地方作为肥料的主要来源。

很多地区同时存在着这两种来源不同的绿肥。

2. 按植物学科别区分

在习惯上,绿肥分为豆科与非豆科两类。其中非豆科绿肥包括的科属很多,最常用的有乔本科,如黑麦草;十字花科,如肥田萝卜。菊科,如肿炳菊、小葵子;满江红科,如满江红;雨久花科,如水葫芦;苋科,如水花生等。

3. 按栽培生长季节区分

(1)冬季绿肥、秋季或初冬播种。到明年春季或初夏利用。

(2)夏季绿肥、春末或夏季播种,到夏末秋初利用。

(3)春季绿肥早春播种,在仲夏前利用。

(4)秋季绿肥夏末或早秋播种,在冬前利用。

春、秋两类绿肥生长的时期较短,大都是利用主要作物前后接茬之间所余的生长期进行播种,所以又称为短期绿肥,分布比较零星。

(5)多年生绿肥栽种利用年限在一年以上的绿肥,又称为长期绿肥。

就某一种植物来说,在不同的地区可以在不同的季节栽培。例如草木在广西用为冬绿肥;在江苏用为春绿肥;在冬麦区及果园用为夏绿肥;在东北有用为秋绿肥;在西北结合保土,有用为多年生绿肥。

4. 按栽培的方式区分

根据绿肥与主作物之间或与其他绿肥之间在时间和空间上的配置不同以及利用期不同,可区分为以下四种栽培方式:

(1)单种绿肥、或称纯种绿肥,一块田在一定时间内只种一种绿肥作物。

(2)混种绿肥、一块田用两种以上绿肥按一定比例混合或相间种植，同时用作绿肥。

(3)间种绿肥，将绿肥与其他作物按一定面积比例同时相间种植。绿肥为下茬作物或本茬作物追肥所用。

(4)套种绿肥、将绿肥套种在其他粮、棉、油等作物的株行之间，用为下茬的基肥或本茬的追肥。

5.按绿肥的用途区分

有肥用和兼用两种。肥用的根据所施对象有稻田绿肥、棉田绿肥、果园绿肥、麦田绿肥和热带经济林木绿肥等；兼用的根据所兼用途有覆盖绿肥、改土绿肥、防风固沙绿肥及绿化净化环境绿肥等。此外还有肥、饲兼用，肥、粮兼用，肥、菜兼用。肥、副兼用及根茬用绿肥等，兼用比单纯的肥用往往可以取得更大的经济效益。

6.按利用方式区分

根据利用方式不同，绿肥种类也有差异，有的主要作肥料利用。有的是兼用。

作肥料的绿肥又分：用作水稻肥料的，称之为稻田绿肥；用作玉米肥料的，称之为旱地绿肥、果园绿肥；用作地面覆盖、保持水土、抑制杂草和提供养分的，称之为覆盖绿肥、改土绿肥、防水土流失的保水绿肥及绿化净化环境绿肥等。具有两种以上用途的，称之为兼用绿肥。

如既作肥料又作饲料的，叫做肥、饲兼用绿肥；收获部分作蔬菜，秸秆和残体做肥料的，叫做肥、菜兼用绿肥；收获种子做粮食或副食品，秸秆做肥料的，叫做粮、肥兼用绿肥等等。兼用绿肥由于其生长期间可以收获一定数量的农副产品，如饲草、蔬菜或粮食，使种植绿肥的当季能获得一定的经济效益，是今后绿肥发展的主要趋势。

(二)绿肥的种植方式

1.单作

是指在生长季节中，地里只种植绿肥作物。此种种植方式适于在人少地多、土壤旱薄、盐碱、风沙等低产地上。以改良土壤为主要目的或利用茬口间隙期短而播种的情况下采用。

2. 间作

是指绿肥作物按一定面积比例与其他作物相间种植。间作有利于作物的通风透气及土壤水分、养分的有效利用，发挥边行优势，增加作物的覆盖面积，减少土壤水分蒸发。豆科绿肥作物还能为间作的非豆科作物提供氮素营养，间作绿肥可作为下茬作物的追肥。

3. 套种

是指绿肥套种在主作物的行间，可作为当季追肥或下茬的基肥。播绿肥于主作物行间，待主作物生长一段时间后，翻压绿肥作主作物追肥，这称为前套。例如，在棉花播种前种上绿肥，到棉花生长中、后期翻压绿肥作棉田追肥。在主作物生长中、后期，在其行间套种绿肥，在主作物收获后，让绿肥继续生长，以后做下茬作物的基肥，此称为后套。例如晚稻田中套种紫云英等。

套种除具有间种的作用外，还能使绿肥充分利用生长季节，延长生长时间，提高绿肥产草量。

4. 混种

是指用不同种类的绿肥作物种子，按一定的比例混合后播在一块田里。混播能发挥各种绿肥品种的特长，相互取长补短，提高绿肥群体的抗逆能力，在不良的气候、土壤条件下，也能保证绿肥全苗与稳定的产量。同时，混种还能增加绿肥作物群体的密度和高度，充分利用空间、光能与地力，从而提高单位面积上的绿肥的产量。

(三)绿肥发展的前景及问题

1. 绿肥发展的前景

发展绿肥不是权宜之计，而是在很长历史时期内，将作为一项加速农牧业发展的战略性措施，促使土壤资源朝着可持续高效利用的轨道迈进。

(1)我国人均耕地少，土壤有机质含量低

我国拥有 14 亿人口，耕地只有 15 亿亩，培肥和建设利用好现有耕地是农业的核心问题。目前我国耕地基础肥力不高，土壤有机质含量很低，大约有六分之一的耕地面积有机质含量在0.5%左右，三分之一的面积在1.0%左右，低产土壤在5.1亿亩以上。而有机质是作物营养元素的主要来源，有机质供给养分与化肥不同，它具有劲稳、效长、不易流失的特点。同时，有机物质是供应微生物活动所需能量与营养的重要来源；而微生物的活动，对土壤养分的有效化，土壤物理性状的改善和大气中氮的固定都有决定性的作用。所以作为重要有机肥源的绿肥对提高土壤有机质含量具有十分重大的意义。

(2)燃料缺乏、秸秆还田有限

农村人口多，燃料问题一直没有彻底解决，有些地区不仅把作物秸秆全部烧掉，甚至还把畜粪作燃料。所以靠作物秸秆还田来补充土壤有机质目前在大多数地区还是困难的，况且农民生活水平的提高使能源消耗增大，农田土壤肥力只有随着时间的推移而不断提高，才能保证持续增产的需要。因此，大力发展绿肥来向土壤中补充有机质，将是必不可少的。

(3)畜牧业比重小，有机肥严重不足

我国畜牧业比重占农业总产值的14%左右，农区的比重更小，因此厩肥来源有限，不少地区仅约30%的耕地施用有机肥。放牧区的畜粪基本上流失掉，因此有机肥与化肥比例失调，严重影响了化肥作用的发挥。畜牧业的发展，可以进一步增加有机肥量，但必须解决饲草问题。种植绿肥，可以提供饲草，从而促进畜牧业发展，而且今后绿肥通过饲用后以粪便还田，将是经济利用绿肥的重要途径。

(4)化肥中氮磷钾比例失调，磷钾资源贫乏

化肥用量的增加，其中主要是氮素化肥，而磷钾，特别是钾资源少。全世界氮磷钾比值为1∶0.6∶0.7，我国仅是1∶0.24∶0.1。由于比例的失调，影响了氮肥的增产效果。我国虽然没有大型的富磷富钾矿，但广大石灰性土壤中的全磷，花岗岩土壤中的全钾含量较高，因此通过绿肥和有机肥活化土壤的磷钾营养元素则是一条可行的途径。

以上问题是农业生产的不利因素，发展绿肥可以使这些问题得到解决和缓解。把绿肥饲草的面积发展到5亿亩是完全有条件的。这么大面

积的绿肥是一项重大的资源，只要充分加以利用，对促进农业生产具有重要作用。绿肥按其性质是一种有机肥，其特点是有生物固氮、生物富集、生物覆盖以及特定的生物适应性。它既是肥料，又是作物，还有饲料用途。绿肥的生物作用是其他有机肥所不能完全取代的。因此，在我国发展绿肥生产，不是由人们的意志决定的，而是符合客观需要的。

2.绿肥生产的问题

(1)要提高对绿肥的认识

种植绿肥是培肥地力的一项重要农田基本建设和建立良好农田生态系统的重要手段。农田土壤基础肥力低，有机质少的问题不解决，良种、化肥等先进技术的作用很难充分发挥。绿肥发展的历史也证明，种植绿肥面积的多少直接影响粮食作物的产量高低。这些，有关部门应予大力宣传。

(2)要讲究种绿肥的经济效益

必须调整绿肥栽培利用的方向，才能使绿肥发挥其更大的经济效益。品种上要提倡多种类，豆科；非豆科、一年生、多年生；栽培型、野生型并举。利用上走多用途路子，种草肥田，产草养畜、畜粪肥田。把绿肥与饲草紧密结合起来，从肥饲、肥粮、肥菜、肥药、防风固沙、保持水土、美化环境等多方面发挥草类的重大作用。种植形式上提倡多途径，即单种、间套复混种及利用水、旱、山、田各种能利用的空间、时间及充分发挥绿肥饲草的资源生物优势，生产出更多的潜能扩大物质循环的数量。并应根据全国及各地区的农业区划因地制宜地制定好本地区发展绿肥的具体规划和保证实施的基本措施。

二、绿肥牧草作物在农业生产中的意义

(一)抑制土壤返盐

绿肥作物在生长期间，对地表起覆盖作用，可减少土壤水分蒸发，做绿肥翻压后，又能增加土壤的蓄水性能，同时抑制土壤深层盐分向表层积聚。再有排水和控制灌溉措施的配合。绿肥对土壤的脱盐效果是明显

的。据中国农科院土肥所测定。10cm 和 20cm 土层盐分可分别下降 25%～64%和 10%～30%(表 3－1)。

表 3－1　种植田菁对土壤含盐量的影响

取土地点	处理	0～10cm		10～20cm	
		全盐%	减少%	全盐	减少%
陵县试验区	对照 田菁	0.39 0.14	－64.1	0.20 0.18	－10.0
	对照 田菁	0.26 0.18	－30.8	0.23 0.16	－30.4
禹城试验区	对照 田菁	0.68 0.51	－25.0	0.38 0.32	－15.8

(二)提高农作物产量

1. 绿肥对提高下茬作物产量的作用

绿肥翻压后，其茎叶在土壤中经过腐解，为农作物提供多种养分，促进增产的效果是明显的。据广西、江苏的资料，500 公斤鲜草可增产稻谷 30～50 公斤；增产小麦 20～35 公斤；增产玉米 20～35 公斤；增产皮棉 7.5～12.5 公斤。其增产幅度的大小，因气候、土壤条件的不同，绿肥种类。作物种类，栽培方式，绿肥翻压时间及数量以及耕作管理措施等因素而异。总的来看，越是土壤盐碱、土壤肥力差、产量水平低的地块，增产幅度越大，效果越明显。据江苏省新洋试验站的试验结果，在土壤含盐量 0.3%的盐碱地上。夏、秋两季连作绿肥，可增产皮棉 91%～184.5%。

2. 绿肥作物根茬的增产效果

连续种植几年绿肥牧草作物，其地上部割下来作家畜饲料，根茬的肥效也是很明显的。据河北衡水地区的资料，生长 3～6 年的苜蓿茬地，一般增产小麦 40%～120%，增产谷子、皮棉 150%。据辽宁阜新资料，生长 2 年的草木樨茬地，增产谷子 43 公斤，增产高粱 83.26%。据吉林省的资料，种植一年草木 W 茬地，增产玉米 67.0%～141.5%。

3. 绿肥的后效

根据各地的试验资料，一般绿肥的肥效可持续 2～3 年，最长可达

5 年(表 3—2)。

表 3—2　草木樨压青的后效 (陕西农科院,1962 年)

处理	压青量(公斤/亩)	第一季(小麦)		第二季(小麦)		第三季(玉米)		合计	
		产量(公斤/亩)	%	产量(公斤/亩)	%	产量(公斤/亩)	%	产量(公斤/亩)	%
草木樨压青	712.5	183.12	160.66	209.51	112.0	64.41	94.99	444.04	124.94
草木樨压青	1272	236.90	207.87	216.91	115.8	73.91	136.59	527.75	148.50
对照(夏闲)	—	113.97	100	187.31	100	54.12	100	355.41	100

三、绿肥种植对土壤效应的影响

土壤中有机质的多少是反映土壤肥力的重要指标之一。绿肥含有较多的有机质。种植、施用绿肥后,每 667m^2 可为土壤提供有机物 300～400kg,这是土壤形成良好性状的物质保证。

绿肥增加土壤有机质含量包括直接和间接两方面。新鲜的绿肥含 15%～20%的有机物,翻压后大部分分解,释放出养分供作物吸收利用,但仍有一部分经腐殖化积累在土壤中,使土壤有机质含量增加。同时,施用绿肥后,后作产量提高,使遗留在土壤中的作物残体量也有所增加,间接地丰富了土壤有机质。全国绿肥试验结果表明,连续 5 年翻压绿肥,土壤有机质均有明显提高,其增加值平均为 1～2g/kg 土。这就证明了绿肥对提高土壤有机质含量的作用但是土壤肥力不同,其积累有机质的效果也有较大差异。例如在肥力高的土壤上,绿肥一般只能起到维持土壤有机质的水平;而在低肥力土壤上,绿肥则具有明显增加土壤有机质含量的良好效果。

翻压绿肥不仅能提高土壤有机质数量,而且对更新和提高土壤有机质质量也有很好的作用。据研究,翻压绿肥后,土壤腐殖质中的紧结态成分增加,土壤中易氧化有机质含量增加,土壤阳离子代换量也有所增加。这些均有利于土壤性质的改善,使土壤疏松多孔,干缩和干裂的状况减轻，土壤通气和持水性增强。同时绿肥作物根系有较强的穿插能力，有利于土壤结构的形成。种植绿肥后，增加了地表覆盖，有利于改善土壤的水热状况。

因此，种植、翻压绿肥后，实现了土地的用、养结合，不仅提高了土壤的保肥性能，而且土壤供肥能力也有增加，使土壤肥力不致衰退。

由于绿肥作物大多具有较强的抗逆性，能在条件较差的土壤环境中生长，如瘠薄的荒地、酸性黄壤等，起到改良障碍性土壤的作用。因此，绿肥作物又被称为改良低产田土的先锋作物。

(一)绿肥对土壤有机质的影响

绿肥种植翻压能有效提高土壤中有机质的含量，如绿肥鲜草就含有21%左右的有机碳，种植100kg的鲜草，就可以让土壤中有机质的含量增加21kg；绿肥植物中若含有大量的纤维素，则对土壤有机质的更新和积累大有好处。绿肥中含有很多容易分解的成分，在翻压腐解的过程中，土壤有机质的矿化作用得以增强，尤其是在剧烈分解的情况下。相关研究显示，改善土壤有机质效果最好的绿肥是“沙打旺”，“沙打旺”比其他绿肥的效果提高了10%。如果在农业生产中减少化肥使用，可以采用翻压绿肥的方式来提高土壤中有机质含量，效果十分显著，但现在的研究还无法证实增加火星有机质和绿肥翻压量之间的具体关系。绿肥翻压不仅可以使土壤有机质含量增加，还可以让土壤疏水性更好。

(二)绿肥对土壤养分的影响

绿肥，尤其是豆科绿肥，不但具有较强的固氮能力，而且还可以通过其根系吸收下层土壤养分和难溶性的磷、钾等，起到富集和活化土壤养分的作用。

将绿肥翻压在土壤下，这些养分能积累在耕层中，提高了土壤耕层的有效养分含量。可为农作物生长提供必需的养分。

豆科绿肥具有较强的固定空气中游离氮的能力，即它可以把不能被直接利用的氮气固定转化为可被农作物吸收利用的氮素养分，使土壤中养分不断丰富。据研究，种植667m^2豆科绿肥大致可固定3～12kg氮素

(相当于提供 6.5～26kg 尿素肥料)。

施用绿肥可以明显地提高土壤中氮的含量。因为绿肥比较鲜嫩,翻压后腐解矿化快,能迅速及时地释放出养分供农作物吸收利用。据测定,豆科绿肥含氮量多在 0.45%,按每 667m^2 产绿肥鲜草 1000～2000kg,将其翻压在土壤中,就相当于施氮 4.5～9kg。通常认为豆科作物总氮量的 1/3 左右是从土壤中吸收的,约 2/3 是由固氮作用获得的。

非豆科绿肥,虽不具备生物固氮作用,但能通过强大的根系吸收土壤深层中的氮素积累在体内。通过翻压绿肥,可将养分富集在耕作层的土壤中。

此外,豆科绿肥作物一般都有强大的根系,主根入土较深,可以通过其根系吸收深层土壤中其他作物不易吸收的养分;绿肥作物的根系吸收难溶性养分的能力较强,能吸收其他作物不易吸收的难溶性的磷、钾养分。当绿肥翻压在土壤中,分解后,这些养分又重新以有效养分的形式保存在耕层中,为后茬作物所吸收。研究表明:在 667m^2 产 1000～2000kg 绿肥鲜草的情况下,可以为土壤提供磷 0.6～1.0kg,钾 4～6kg。

据试验,翻压草木樨绿肥后,土壤全氮含量为 0.14%,没有种植和翻压绿肥的地里全氮含量只有 0.128%;有效氮比对照提高了 8.2mg/kg 土。速效磷、速效锌和速效铜分别比对照也增加了 2.5mg/kg 土、1.0mg/kg 土和 0.75mg/kg 土。云南省大面积红壤缺锌,玉米出现缺锌失绿症状,影响玉米产量。而连续 3 年种植、施用光叶紫花苕后,基本上控制了玉米缺锌失绿病的发生,就是利用了绿肥富集深层土壤中有效锌养分的能力。

全国绿肥试验网定位试验结果表明,连续 5 年翻压绿肥,平均每 667m^2 增产小麦 63.7kg,水稻 53.7kg,玉米 165kg。每千克绿肥氮增产粮食平均为 5～6kg,与现阶段施用单质氮素化肥的效果接近。

经济林园种植绿肥,其效果同样十分显著。各地试验表明,果园翻压绿肥或覆盖地表,可使柑橘、苹果、桃等产量比传统不种绿肥的分别增产 17.0%、22.8%和 9.4%,而且品质也明显改善。

绿肥翻压可以有效调节土壤的养分，增加土壤中的营养成分，如氮、磷、钾，会让土壤更加肥沃。绿肥植物深入挖掘土壤深层的养分，将其带到表层，也就是借助植物根部将土壤生成的养分吸取出来，翻压后植株会分解，养分会被留在土壤表层，这样土壤就会更肥沃。此外还有其他方法可以调节土壤养分，如某些绿肥作物可以分泌酸，酸将磷转化为能够被植物吸收的成分。

豆科植物和有益菌根真菌可以是共生的关系，菌根真菌吸收土壤中的磷后会传给豆科植物，可以说是磷的收集器。豆科植物也具有良好的固氮作用，一公顷豆科绿肥可以吸收和固氮 75～150kg。根据相关研究，不同的绿肥经过翻压再施到田中后，就会使土壤中全钾和速效钾的含量增加，其中效果最好的还是豆科植物。经过深入研究发现，豆科植物的根系十分发达，能够深入土壤深层充分吸收钾元素，翻压后能有效增加土壤表层的钾元素含量。绿肥的活性根表面积对 K＋亲和力较强，破坏了土壤中钾的平衡状态，矿物钾转化成有效钾，从而调节土壤的养分。

(三)绿肥对土壤物理性状的影响

绿肥主要是利用根部对土壤物理形状施加影响，根部穿透能力强，能够起到聚拢作用，使土壤变得更疏松，水分和养分不会流失，为耕作提供了更好的条件。如果农田栽培和使用绿肥，土壤就会更肥沃，更有利于耕作。

这主要是因为绿肥作物有利于有益真菌和微生物的生长，微生物会分解绿肥，与土壤形成有机和无机复合体，进而影响土壤的形状，尤其是豆科绿肥。绿肥种植和翻压后，土壤的容重降低，变得更加疏松，土壤结构得到优化。翻压以后的土壤就变成了腐殖质，这对优化土壤团粒结构十分有利。

绿肥种植也会影响土壤的温度和湿度，如果绿肥植株生长快速、茎叶比较茂盛，就可以将地表遮盖起来，根际表土水分的蒸发减少，土壤水分就不会流失。例如冬季空闲无耕作的土地最常见的绿肥毛叶苕子，若控制好植株的生灭时间，就可以有效锁住土壤水分，太早或太晚灭生，则春季耕作时土壤表层的水分就会较少，但绿肥和农作物共生则会彼此抢水。

农业生产者在栽培和使用绿肥时要根据实际情况灵活处理，选择合适的绿肥品种。

(四)绿肥对土壤化学和生物学性状的作用

绿肥的化学作用和生物作用从很多方面都可以看到，如土壤酶活性、微生物数量和种类等，无论是化学还是生物性状的改变，都会影响土壤的养分和植物生长。

1. 化学作用

一般情况下，种植的绿肥经过翻压后，土壤 pH 会降低，或许是由于翻压后土壤中的有机酸增加，但也有特例，如紫云英种植翻压后土壤 pH 反而会升高。这说明不同种类的绿肥会对土壤的化学性状产生不同影响，此外翻压量和土壤类型也会对此产生影响。例如，种植紫云英并使用石灰土翻压以后，土壤的 pH 会下降，继续增加绿肥的翻压量，pH 则会继续下降。

2. 生物作用

在种植和翻压绿肥的过程中，绿肥根部会分泌出让土壤中酶类增加的成分，为微生物生长提供更有利的条件，土壤中的营养物质会增加，从而使土壤微生物和酶类活性增强。相关研究发现，如果绿肥碳氮比小且木质素含量高，那么相比于其他绿肥植株，其激发微生物和酶类活性的作用有限。除此之外，绿肥也可以有效改善果园内土壤的蛋白酶活性，若在果园种植绿肥，蛋白酶的活性至少能够提高 50%，加快土壤养分的转化，其本身的营养抗性也能抑制病菌。

第二节　绿肥对植烟土壤的影响

一、绿肥翻压对植烟土壤养分状况的影响

(一)绿肥对不同烤烟生育期烟田土壤养分的影响

不同绿肥翻压量对团棵期烟田土壤养分的影响见表 3－3。由表 3－3 得出，在团棵期，与对照相比，每 667m^2 绿肥翻压量为 1000kg 时，土壤有

机质、pH、速效氮、有效磷、速效钾等主要养分指标增幅均为最大，其次为每 667m^2 翻压 1500kg 绿肥处理。最后是每 667m^2 翻压 500kg 绿肥处理。

表 3－3　不同绿肥翻压量对团棵期烟田土壤养分的影响

绿肥品种	667m^2 翻压量/kg	有机质含量/g·kg^{-1}	pH	碱解氮含量/mg·kg^{-1}	有效磷含量/mg·kg^{-1}	速效钾含量/mg·kg^{-1}
黑麦	0	20.1	5.4	133.0	34.6	249.2
	500	15.2	5.7	90.3	68.6	255.3
	1000	27.5	6.0	164.5	96.5	370.8
	1500	21.4	6.0	117.0	70.3	268.7

不同绿肥翻压量对旺长期烟田土壤养分的影响见表 3－4。由表 3－4 得出，在旺长期，与对照相比，试验测定 5 项土壤理化性状指标值增幅大小表现为：每 667m^2 翻压 1000kg 绿肥处理＞每 667m^2 翻压 1500kg 绿肥处理＞每 667m^2 翻压 500kg 绿肥处理＞对照处理。

表 3－4　不同绿肥翻压量对旺长期烟田土壤养分的影响

绿肥品种	667m^2 翻压量/kg	有机质含量/g·kg^{-1}	pH	碱解氮含量/mg·kg^{-1}	有效磷含量/mg·kg^{-1}	速效钾含量/mg·kg^{-1}
黑麦	0	20.3	5.3	142.8	34.1	295.7
	500	15.7	5.6	118.3	67.6	330.3
	1000	29.5	6.0	184.8	102.6	430.1
	1500	18.1	5.8	135.9	92.6	310.6

不同绿肥翻压量对成熟期烟田土壤养分的影响见表 3－5。由表 3－5 可看出，在成熟期。与对照相比，除了速效钾含量以外，其余 4 项土壤理化性状指标值。均以每 667m^2 翻压 1000kg 绿肥处理增幅最大，其次为每 667m^2 翻压 1500kg 绿肥，最后是每 667m^2 翻压 500kg 绿肥；速效钾指标增幅表现为每 667m^2 翻压 1500kg 绿肥处理＞每 667m^2 翻压 500kg 绿肥处理＞对照处理＞每 667m^2 翻压 1000kg 绿肥处理。

表 3—5　不同绿肥翻压量对成熟期烟田土壤养分的影响

绿肥品种	667m² 翻压量/kg	有机质含量/$g\cdot kg^{-1}$	pH	碱解氮含量/$mg\cdot kg^{-1}$	有效磷含量/$mg\cdot kg^{-1}$	速效钾含量/$mg\cdot kg^{-1}$
黑麦	0	20.3	5.3	128.8	46.8	268.8
	500	16.3	5.4	96.6	50.6	282.2
	1000	29.2	5.8	127.4	79.0	265.3
	1500	18.8	5.7	116.2	47.5	295.7

综合表 3—3～3—5 可知，不同绿肥翻压量对烤烟生育期内土壤养分的影响不尽相同，但对土壤理化性状的改观都有良好的效果。土壤有机质、pH、速效氮、有效磷、速效钾等主要养分指标在团棵期、旺长期和成熟期变化规律基本一致，以每 667m² 翻压 1000kg 绿肥处理最好，每 667m² 翻压 1500kg 绿肥处理次之，每 667m² 翻压 500kg 绿肥处理最次，均好于对照处理。因此，对烤烟而言，施用绿肥对烤烟种植和土壤改善都起到较好效果。

施用绿肥以后，三种类型土壤的有机质、pH 都不同程度上增加，增幅大小为紫色土＞黄壤＞黄棕壤。此外，黄壤中速效氮含量相对于翻压前显著提升，而在紫色土和黄棕壤出现不同程度下降，但变化不显著。因此，种植绿肥对紫色土、黄壤和黄棕壤土壤都有较好的改善作用。

(二)绿肥翻压对植烟土壤养分和活性酶的影响

烟草连作降低了土壤中阳离子交换量、有机质、全钾、速效钾含量，让种植烟草的土壤养分不均衡。烟草根系会分泌酚类物质，这种物质不利于氮素之间的转化，还会让土壤中抗氧化酶和水解酶的活性降低。如果连年耕作，则种植烟草的土壤中病原微生物会大量繁殖，最终导致土壤养分减少，影响烟草生长。

绿肥翻压既可以使土壤变得疏松，又能够增加土壤中的有机质，绿肥在分解时会产生胡敏酸，其胶体特征能够吸附土壤中的阳离子。绿肥翻压也能够让土壤中氮、磷、钾含量增加，增强土壤酶活性，为微生物提供更好的生存环境，有效修复土壤。

1.绿肥翻压对植烟土壤养分的影响

绿肥在增加土壤有机质和可溶性有机碳方面也有不错的表现，在种植玉米的土地中添加绿肥，可以提高土壤中磷的利用率。土壤的营养情况直接影响到烤烟产质量，其中最主要的是氮素土壤，其次是肥料，土壤肥力越高，烤烟对氮的利用率也会越高，最终影响烤烟中致香成分的含量。

例如，巴西进行了一项研究，每公顷翻压 7500kg 猪屎豆会增加马铃薯生长期内土壤中磷和钾的含量。

2.绿肥翻压对植烟土壤酶活性的影响

在土壤系统的组成部分中，土壤酶活性十分重要，它关系到土壤的养分循环。土壤中的过氧化氢酶能分解过氧化氢，从而保护植物根部不受侵害。多酚氧化酶可以加快土壤中酚类物的转化，酸性磷酸酶促进土壤中磷元素的循环，而蛋白酶则有利于氮元素的循环，纤维素酶有助于土壤有机质的分解。水田中翻压油菜和肥田萝卜后营养过剩，会抑制土壤中多酚氧化酶和酸性磷酸酶的活性。

光叶紫花苕子、黑麦草翻压后，土壤中过氧化氢酶、多酚氧化酶、酸性磷酸酶、蔗糖酶活性均显著提高。蚕豆作为绿肥翻压，小麦地土壤脲酶活性显著提高。

二、绿肥对植烟土壤酶活性和微生物的影响

土壤生态系统中最活跃的是土壤微生物。土壤微生物促进土壤养分循环，加快各种物质转化，也能使污染物分解，使土壤环境更健康，微生物的多样性指的是微生物在基因、物种、结构和功能方面保持多样性，如果土壤环境无法承载污染物的数量，那么土壤的生物多样性就会减少。要了解土壤的质量，可以考察土壤微生物的活性，土壤微生物的活性直接影响土壤代谢。有关土壤质量的研究发现，不同类型的植被和土壤、气候、管理方法都会在很大程度上影响土壤微生物的结构及多样性，为增强土壤微生物群落的多样性，可以使用有机肥。绿肥是一种有机肥，在增强土

壤微生物活性方面起到重要作用。

紫云英经过翻压后，烟草生长进入旺盛期之前，土壤纤维素酶活性会极大增强，旺盛期之后又会降低，土壤蛋白酶和脲酶活性则与之相反，先降后升，而土壤过氧化氢酶活性则没有太大变化，紫云英翻压后土壤中的好气性细菌和放线菌明显增加，在烟草生长前期，好气性细菌数量增长先快后慢，放线菌则与之相反，数量增长先慢后快。相关研究表明，绿肥还田后土壤过氧化氢酶、脲酶、蔗糖酶、磷酸酶活性分别增强了 10.57%、15.89%、35.82%、17.13%。真菌、细菌和放线菌数量分别增加了 82.88%、36.29%和 9.16%。且黑麦草最适宜还田量为每公顷翻压 22500kg，此时烟株生长期内土壤过氧化氢酶、脲酶、蔗糖酶、酸性磷酸酶活性分别提高了 41.38%～71.43%、31.88%～54.05%、16.05%～101.06%、11.15%～17.62%。套作苜蓿、黑麦草、萝卜的土壤过氧化氢酶、脲酶、蔗糖酶活性均高于单种烟草的土壤。

三、绿肥翻压对植烟土壤的培肥改良影响

(一)增加植烟土壤养分

国内外开展了大量的研究，发现豆科绿肥具有固氮作用，非豆科绿肥会深入土壤用根部吸收养分，将其带到土壤表层，而且非豆科绿肥营养丰富，翻压之后可以使种植烟草的土壤中氮磷钾的含量增加。土壤微生物分解绿肥会产生大量有机酸，从而影响烟草土壤的 pH，而且烟草植株也能够吸收有机酸，促进 C 素代谢。某些难溶性矿质营养也可以被有机酸溶解，还能形成腐殖质，促进土壤有机质和矿质元素转化。

评价土壤营养情况的一个重要指标是有机质，如果烟田长时间种植绿肥，土壤中有机物和无机物的含量会大大增加。根据相关研究，绿肥作物有机质含量约 15%，每公顷土地翻压 15t 绿肥鲜草，就会让土壤中的有机质增加大约 2.25t。经过长时间的定位试验证明，绿肥和化肥相结合比施加普通化肥更能提高土壤有机质含量。绿肥对土壤的改良作用随着翻压时间的增加效果会更显著。现在受到施肥技术的影响，以及肥料施加

不均匀，因此，氮、磷、钾的利用率非常低。

一般来说，土壤中有机质的含量会影响土壤的容重。所以土壤容重是否能通过翻压绿肥降低，是由翻压绿肥后土壤中有机质的含量决定的。而绿肥的腐解和土壤有机质的形成会受到诸多因素的影响，如绿肥类型、翻压量、种植方式、气候等。需要根据实际情况制定出最佳组合方案，才能提高土壤有机质含量。

(二)改善植烟土壤理化性状

很多生产烟叶的国家在改良土壤时使用绿肥，在实践中探索出了不同的模式，但方式大多类似，都通过绿肥种植翻压增加土壤有机质含量，改善土壤性状。绿肥在美国、加拿大、巴西等国家使用比较广泛，印度也大力倡导使用绿肥，津巴布韦实行轮作制，在种植烟草前先种植牧草，以改善土壤。

相关研究显示，绿肥是土壤中的有机质氮、磷等营养元素的重要来源，能够分泌胡敏酸类物质，促进植物生长。绿肥根系发达，穿插能力强，有利于土壤团粒结构形成，而且胶体特征赋予其吸附能力，可以吸收土壤中的阳离子，使土壤更肥沃，也有利于改善土壤的物理性状，为作物生长提供更有利的条件。

绿肥翻压以后，土壤微生物会分解土壤中的有关物质，进而影响土壤的物理和化学性状；绿肥翻压并经过分解后，会产生大量腐殖质，吸收具有弱酸特点的阳离子，阳离子会和其他盐类共同赋予土壤缓冲能力，使土壤保持恰当的空隙，水分保持稳定。这有利于降低土壤容重，起到调节土壤结构的作用，而且翻压次数越多、时间越长，这种作用就会越明显。

(三)对植烟土壤微生物量及酶活性的影响

土壤中各类物质的循环和转化离不开土壤微生物和土壤酶的作用，二者促进了土壤的正常代谢，土壤微环境中各种活动和养分的变化在很大程度上也都受到二者的影响。目前，土壤微生物和土壤酶已经成为评价土壤生态环境质量的重要指标。

根据相关研究，绿肥翻压后土壤中微生物的数量明显增加，绿肥翻压量在 22500kg/hm^2 的情况下，土壤微生物量碳要比其他处理方式要多。土壤微生物量碳是土壤有机碳的重要成分，微生物利用土壤碳源繁殖和构建细胞以及微生物细胞解体等情况都可以通过土壤微生物量碳的数量变化反映出来。

烤烟烟田土壤微生物量氮在 10 天和 75 天与 30000kg/hm^2 的翻压量差异不显著，但在其他时期却比采用其他处理要高，但相比于不翻压绿肥，却有明显提高。微生物量氮是土壤氮元素的重要来源，对土壤氮素的循环和转化起到重要的调节作用，在 30 天、60 天时，微生物量碳和氮最大。

土壤酶活性会影响土壤微生物的活性。了解土壤中相关生化反应的强度和方向主要通过土壤酶活性的大小。土壤含氮有机化合物的转化还需要土壤脲酶的参与。土壤脲酶活性越高，说明土壤供氮水平越高。翻压绿肥的不同处理方式相比于对照，土壤脲酶都有所提高，这说明翻压绿肥使土壤脲酶活性增强，使土壤中氮元素的转化效率更高。与此同时，在生长的旺盛时期，土壤脲酶、过氧化氢酶、酸性磷酸酶活性都达到了最大值。蔗糖酶活性在移栽 60 天以后逐渐升高。这表明绿肥翻压以后的腐解规律、土壤养分供给、植物吸收规律等都与其活性变化相关。

第三节　种植绿肥对植烟土壤的改良效果

绿肥的类型不同，对烟叶产量和质量的影响也不同。正如黑麦草和苜蓿，两种植物烤制过后的烟叶外观并没有太大差异，都呈现出金黄的色泽，并且厚度适中，柔软具有弹性；从烟叶的化学成分来看，苜蓿翻压过后可以提升烟叶的烟碱含量，但与此同时，总糖含量和还原糖含量降低；相反，黑麦草翻压过后，烟叶中的烟碱含量降低，但总糖含量和还原糖含量提高。[①]

① 查道喜，汤四海. 植烟土壤改良措施对土壤和烟叶产量与质量的影响[J]. 现代农业科技，2017(18)：38－39.

一、烟叶农艺性状、经济性状及内在品质的改良

在相关绿肥还田对植烟土壤烟叶产质量的影响研究中，共设 5 个处理：T1 对照(不种植绿肥)；T2 紫云英(湘紫 1 号。种子用量 37.5kg/hm^2)；T3 毛叶苕子(种子用量 75kg/hm^3)；T4 箭舌豌豆(种子用量 225kg/hm^2)；T5 混播紫云英(种子用量 7.5kg/hm^2)＋毛叶苕子(种子用量 37.5kg/hm^2)＋箭舌豌豆(种子用量 7.5kg/hm^3)。

(一)烟叶农艺性状

根据表 3－6 可知，施用紫云英处理的烟叶农艺性状最好，它的有效叶片数、节距等数据最高。与之相差最小的是毛叶苕子，它的对照最低，由此表明烟叶的农艺性状在一定程度上受绿肥还田的影响。绿肥中鲜草的数量越多，还田量越大，烟叶的农艺性状更好。其中，影响最大的是紫云英处理。

表 3－6　不同绿肥处理烟叶农艺性状

处理	株高//cm	茎围//cm	节距//cm	有效叶片数	最大下部叶面积//cm^2	最大中部叶面积//cm^2	最大上部叶面积//cm^2
T1	89	6.87	5.34	14.5	1317.86	1314.68	812.16
T2	110	8.15	5.67	15.6	1319.76	1604.02	826.12
T3	99	7.82	5.57	15.1	1486.63	1553.89	1081.19
T4	95	7.22	5.34	14.7	1400.98	1396.92	893.38
T5	90	7.74	5.46	14.9	1370.52	1685.23	1050.73

(二)烤烟经济性状

由表 3－7 可知，烟叶产量以处理 T2 最高。其次是处理 T3、T5、T4；均价以处理 T 卫 2 最高。其次依次为处理 T3、T5、T4；产值以处理 T2 最高。其次依次是处理 T3、TS、T4；中上等烟比例最高的是处理 T2。其次依次为处理 T3、T5、T4(箭舌豌豆)。这说明绿肥还田可以明显提高烟叶的产量、产值和中上等烟比例等相关效益指标。其中以处理 T2 最好。其次是处理 T3。

表 3—7　不同绿肥处理烟叶经济性状

处理	产量 kg/hm^2	产值元/hm^2	均价元/kg	中上等烟比例%
T1	2058	45564.15	22.14	92.7
T2	2349	53580.75	22.81	96.9
T3	2295	51775.20	22.56	95.4
T4	2130	47222.10	22.17	93.1
T5	2241	50131.20	22.37	94.2

(三)烟叶品质

根据图表 3—8 表明，烘烤过后的烟叶品质受绿肥还田的影响。其中，处理后淀粉含量最高的是紫云英还田处理。混播还田处理的淀粉含量仅次于紫云英还田处理；另外，紫云英还田处理的氯离子含量最少，混播还田处理次之；紫云英还田处理的还原糖含量最高，毛叶苕子还田处理的还原糖含量次之；除此之外，紫云英还田处理的总糖含量最高，然后是箭舌豌豆；箭舌豌豆和混播还田处理的钾含量最高，毛叶苕子还田处理的钾含量次之；紫云英还田处理的烟碱含量最低，然后是混播还田处理。综上所述，紫云英处理对烟叶烘烤过后的影响更有利。

表 3—8　烟叶烘烤后内在化学成分

处理	淀粉	氯离子	还原糖	总糖	钾	烟碱
T1	5.02	0.59	29.34	33.37	2.40	2.23
T2	6.28	0.40	32.18	36.37	2.13	2.17
T3	4.10	0.61	28.35	32.40	2.25	2.84
T4	5.28	0.90	28.00	34.66	2.46	2.65
T5	6.24	0.46	27.84	31.61	2.46	2.63

首先，根据生物学特性来看，各类绿肥中综合优势最好的是紫云英处理，紫云英处理的鲜草产量最高；绿肥还田可以增加土壤中的有机质，改善土壤的理化特性，并进一步提升土壤中的养分。并且，大部分区域的栽培模式采用的是烟稻轮作，其中，效果最好的绿肥品种是紫云英。

其次，绿肥还田之后，烟叶的经济性状、农艺性状以及内在质量都深受影响。其中，影响效果最明显的是紫云英还田，紫云英还田会影响烟叶的综合农艺性状。可以有效提高烘烤后烟叶的质量和产量，并在一定程度上提高烤烟的经济效益，最终提升烘烤烟叶的质量。

二、绿肥对产量及品质的影响

(一)不同压青量对作物产量的影响

压青量由土壤的肥力、作物品种以及作物的理化特性决定,根据相关原则,土壤肥力较高的少施压青量,肥力较低的多施压青量;作物生长周期短以及不耐肥的作物品种少施压青量,反之则多施。如果是旱地,一般情况下全部都应该翻压。水田施用压青量一般保持在15000~30000kg/hm^2,如果土壤肥力较高,则压青量不能超过22500kg/hm^3。绿肥翻压之后,经过腐解变成作物的优质基肥。根据试验结果可知,翻压500kg鲜草可以让稻谷增产18~38kg,让小麦增产21.5~34.4kg,让马铃薯增产130~245kg。除此之外,绿肥具有明显的后效,一般情况下,绿肥的功效可以在北方旱地维持2~3年。值得注意的是,绿肥非常适用于多熟制耕种区域,刚开始,绿肥可能会影响一季作物或当季作物,但从整体来看,绿肥可以让作物大幅度增产,进而提升作物的经济效益。

(二)绿肥配施氮肥对作物产量的影响

研究人员运用N示踪方法,对施肥结构不同的稻田N素进行研究,充分研究了稻田N素的流向、储存和利用率。根据试验结果表明,以合理比例配置绿肥和化学N肥可以促进水稻吸收N素,并通过N素将养分转移到稻谷中,进而提升水稻的经济效益。

根据试验结果可知,不同的氮肥施用量对植物的影响程度不同。如果是绿肥茬杂交水稻,一亩地的氮肥施用量在16kg左右,如果施用量过多,会造成贪青迟熟,并增加空瘪率,最终导致水稻的产量降低。而肥力不足则会让有效穗下降,进而影响作物的产量。

(三)翻压绿肥对作物品质的影响

绿肥翻压不但可以增加土壤肥力,还能改善土壤活性,进而提升作物产量,另外,翻压绿肥还可以改善作物的品质,研究表明,现代农业的可持续发展需要改变作物只施化肥的习惯,大力推行有机肥和无机肥平衡施用。

三、种植绿肥可保持植烟土壤水土

保障生态环境良性循环的重要举措是种植绿肥。养分能否全面吸收的关键是土壤中水分的含量和持水的时间长短。土壤中的养分只有溶解在水中，才能让养分被作物的根系或其他组织器官吸收，如果土壤的水分不足，很可能会导致养分无法充分溶解，并且，浓度过高的养分会抑制根系和其他组织器官吸收养分。在雨水丰富的情况下，土壤中很容易产生大量地表径流，进而衰退土壤的地力。套种绿肥的防水性很强，因为它可以形成多层植物覆盖层，并让降水和灌水量减少 27.5%，让雨水的渗透度加深 8～13cm。与清耕区相比，绿肥区的土壤含水量增加 2%左右。如果在坡地种植绿肥，绿肥控制水土流失的作用更加显著，此时的植被覆盖率增加到 73%，减沙率增加到 80.7%，减水率增加到 36.9%。除此之外，绿肥覆盖还可以减少水分蒸发，增加土壤水分，绿肥覆盖减少的水分蒸发量和地表径流量相当于降水量增加了 400～500mm。种植绿肥还可以增加空气湿度，与裸露对照区相比，绿肥种植区的平均湿度高 1.7%。

绿肥直接覆盖地面或切割后覆盖地面，当处于高温多雨季节时，可以让地面避免太阳直射，起到保护根系的作用；当处于严冬季节时，可以减少土壤热能的流失，进而提升土壤温度。根据研究可知，在秋季和夏季覆盖绿肥，可以降低地表温度，与此同时，还能减少土壤的水分蒸发；在冬季，绿肥覆盖可以提升 3～5℃地表温度。另外，根据研究结果显示，冬季的橡胶林地面覆盖大叶千斤拔叶可以让土壤上层 10cm 内的温度比地表面高 7～8℃。绿肥覆盖可以降低土壤温度，温度差是 4.8℃左右，所以，绿肥覆盖不仅可以减少地面的温度变化，还能稳定和调节土壤温度，为作物提供良好的生长发育环境。

第四章　生物炭的特性、应用及其对植烟土壤的影响

自从进入21世纪以来，人们逐渐遭到“环境、能源危机、粮食”等各种因素的影响，并且情况越来越变得严重，因此，不同国家的政府、专家、学者等都在探索着各种能够解决这些危机的办法，但效果却不是很明显。正在这个时候，生物炭以它特有的物化性质和无限的应用前景而逐渐被人们所认识，并且以“黑色黄金”的美誉著称，它因此也成了各研究领域的热点之一。生物炭技术结合了“低碳、环保、可持续”等现代农业发展理念，在治理土壤污染、保护农业环境、维持生态系统平衡、促进农业环境良性循环和可持续发展等诸多方面，都发挥着重要的作用和意义。

第一节　生物炭的基本特性与应用意义

生物炭的研究起源于人们对南美亚马孙流域一种叫一印第安黑土(Terra preta)土壤的发现和关注。黑土是古人类通过刀耕火种的生活从而形成的一种独特的肥沃土壤，并且黑土到现在依旧是全世界最为肥沃的土壤之一。通过人们不断的研究发现，这种黑土中含有着大量木炭，其木炭含量比与之相邻的非黑土土壤要多得多，由于印第安黑土中的木炭主要来源于自然火灾或人们炊事活动燃烧木柴的剩余物，因此这些土壤中传统意义上的黑炭(black carbon)则被认为是生物炭的最初形式。

生物炭(biochar)又被称为生物质炭，它在不同的研究阶段则有着不同的名称，其中包括稻壳炭、木炭、竹炭等。由于生物炭并没有固定的定义，因此从狭义上讲，它一般指的是生物质原料(比如木屑、农作物秸秆、动物的尸体和粪便、淤泥、树叶等等)在完全缺氧或部分缺氧的环境下，并

且在一定温度条件下(通常温度控制在700°c以下为宜)通过热解产生的一种含碳元素的固态物质。而从广义上讲,生物炭则是一种黑炭,它与其他种类黑炭一样,就目前来说,学术界对此还没有形成公认的区分标准。

生物炭具有良好的物理和化学性质。作为一个多孔介质,它具有比表面积大、吸附能力强的特点,施入土壤后能够提高其保持水分和养分的能力,因而对减少养分流失具有一定作用。其本身带有许多功能团,易于与土壤矿物质颗粒和有机碳形成有机无机复合体,进而能够改善土壤结构。生物炭高度芳香化的复杂化学结构,使得其具有较高的抗分解能力,从而能够在土壤中长期储存。因而,许多人认为这是增加土壤固碳的一个非常重要的途径。许多种生物质原料均可用于生产生物炭,而且在适当的温度和热解条件下,不仅能够提供相当数量的生物燃气和生物油,还能够产生较多的生物炭并保留相当数量的氮素等植物养分。如果经济上可行,通过中低温裂解的方式对生物质进行综合利用,既有良好的环境效益,也能够促进土壤肥力的提高,增加土地生产力,从而达到双赢的效果。①

一、生物炭的基本特性

(一)生物炭的元素组成

生物炭中不仅碳含量很高,其氮、磷、钙、钾和镁的含量也比较丰富,并且这些养分元素也是供给植物生长所需的营养元素。生物炭随着它的裂解温度的升高其各元素含量变化不一。例如,生物炭中的氮和碳的含量因燃烧挥发而随裂解温度的升高而变得越来越少,但是钙、钾、镁、磷的含量却随着裂解温度的升高而变得越来越多。

(二)生物炭的比表面积及孔结构特征

生物炭比表面积的大小不仅受到原料种类影响,还受到其裂解温度

① 王敬国. 生物地球化学 物质循环与土壤过程[M]. 北京:中国农业大学出版社,2017.

的影响。一般而言,生物炭的比表面积随着裂解温度升高而逐渐增大。并且研究者还发现当生物炭的热解温度从150℃升高到500℃时,其比表面积则从$12m^2 \cdot g^{-1}$增加到$307m^2 \cdot g^{-1}$。生物炭的孔隙的大小决定了生物炭表面积的大小。按照生物炭孔径的大小可将其孔隙分为大孔隙(>50nm)、小孔隙(<2nm)和微孔隙(<0.9nm)三种类型。大孔隙不仅对土壤的通气性和保水能力都有着很大的影响,而且也能够为微生物提供重要栖息地和繁殖的场所;小孔隙则对生物炭转移和吸附固定分子都有重要的作用。由于生物炭的多孔特性,因此施用生物炭后不仅能改善土壤通气状况,降低厌氧程度,从而抑制反硝化作用,影响土壤中的氮循环。而且对于有效磷含量很低的土壤,生物炭能够结合土壤中的Al^{3+}和Fe^{3+},促使磷由闭蓄态转化为有效态。

(三)生物炭的碱性

由于生物炭中有一定含量的碱性物质,因此一般为碱性。其原因是植物通过吸收养分从而使体内含有一定量的镁、钙和钾等金属阳离子,而为保持植物体内电荷平衡,因此植物在生长发育过程中其体内会积累一定量的碱基,由于这些碱基通过高温热解后将会被浓缩,因而生物炭的碱性会随着裂解温度升高而逐渐变大。

(四)生物炭的稳定性

生物炭的稳定性受裂解温度、原料组成以及裂解持续时间等各种不同因素的影响,然而生物炭裂解温度和原料这两个因素对生物炭环境行为与效应的影响则是最为重要的。通过对不同热解条件下小麦秸秆制备的生物炭进行培养实验,研究表明,随着热解温度升高生物炭中纤维素和半纤维素的含量渐渐变小,秸秆炭的矿化速率减小,并且两者之间形成线性正相关。除此之外,研究人员使用水稻秸秆为生物炭原料,对不同炭化停留时间以及炭化温度对生物炭元素组成以及结构特征的影响都进行深入的分析,最后分析结果表明,炭化温度对水稻秸秆生物炭性质的影响比炭化时间对其影响要大;并且随温度的升高,生物炭的芳香化程度越来越大,稳定性越强。

二、生物炭的多方面应用

(一)农业应用

木炭的土地利用指的是把木炭颗粒或者载有肥料、菌体或者混合了其他材料的功能型木炭复合材料加入土壤中,这样可以改善土壤,加大地力,改善植物的生活环境,把土地的生产力和产品的质量提高。主要的应用领域为草坪、农田和林地。木炭为黑色,具有多孔的特点,具备植物生长必不可少的微量元素与营养成分以及化学与生物的稳定性。

1. 土壤改良

添加木炭的土壤,能让保水、透气和透水功能得到不一样的改善。日本肥粮检定协会的报告中指出,在土壤中增加 5%的黑炭,土壤的透水性与保水率分别可以提高 88.9%与 14.6%,和蛭石、珍珠岩相比,木炭对土壤板结的治理效果要好得多。1986 年 11 月,日本在地力增进法中加入了木炭,将其确定为改良土壤的资源。

木炭有利于农田中肥料的缓释与吸持,这项技术出现于最近几年,并得到了一定程度的推广。对于农产品的生产成本来说,买化肥的费用起到了很重要的影响作用。譬如:种植玉米的成本中,化肥项的花费占据 44%。通常情况下,利用化肥的概率只有三分之一,其他的化肥可能流失或者滞留到土壤里,三项占比大致相同。“炭粉还田避免化肥流失的技术”源于国家环境保护农业废弃物综合利用工程技术中心的推广,该项技术能降低 50%的化肥流失。在制炭期间,植物原料在原组织中的钙、钾、钠等微量元素会转入到木炭里。在土壤中加入炭之后,土壤中植物生长必不可少的营养物质也会增加。木炭不仅有很多孔,而且能把土壤中的养分、水分和空气聚集到一起,有利于微生物的繁衍生息。土壤的团粒结构变多,根系非常发达,存在于根部的一氧化碳也增多。福建的林学院曾经做过试验,结果表明,炭的固氮作用非常大。该试验是把 1%的粉状活性炭、颗粒活性炭和木炭颗粒加入黑沙壤和黄沙壤中,1a 以后,添加了炭的土样中,嫌气性的固氮菌和好气性的固氮菌数量明显变多。黑色的木炭会吸热，散发到地面上，让地面的温度提高 7℃。

木炭有很多孔，可以蓄热，能够抵抗气温突然变化给作物带来的伤害；可以降低很多有害物质给作物带来的伤害，如残留农药和重金属等；木炭对于部分气体的吸附容量依据木炭容积的倍数来算，甲醛、氢气、氮元素、氧气、二氧化碳、二氧化氮、硫化氢、二氧化硫分别是 1.8、5.0、7.5、9.3、35.0、40.0、55.0、65.0。日本利用木炭改善土地时，应用面非常广，有很多经验，历史也很长，有明显的效果。在地力增进法中纳入木炭的前后 30a 中，木炭已经耗费了十万多吨，主要有房屋解体的木材烧制的炭、不同规格炭的炭渣和树皮炭等，不够的部分从我国、南亚和东南亚进口。我国曾经收集粘胶纤维用炭的筛余部分等，并向日本出口。农田方面主要是治理土壤板结。把炭粉加入草坪中，草能早发两周至三周，有很浓的草绿色，扎根也非常深，绿色能延长一个多月。在高尔夫球场中使用木炭，不仅有上述作用，还能缓释投入的杀虫剂和杀菌剂，避免雨后径流污染等。造林的时候使用木炭，能提高成活率和林木的生长量。日本的神奈川在对日本杉激进型种植的时候加入了 1kg 炭粉，第八年试验地的树木高度为 8m，比对照地高出两米。更新林地、营造道路林以及绿化城市等方面都能用木炭。2007 年 5 月 7 日，吉林省白城林科院利用木炭改善城市的污泥，把木炭用作肥料施于沙地杨，验地的树木高度为 2.8m，而对照地的树木高度为 2.75m，树叶也非常枯黄。

2. 具体应用

(1)农业方面

“农业炭”来源于“生物炭”，指的是在没有氧的情况下，把很多农业原料，如树木的废料、稻米的谷壳、动物的粪肥、玉米秆和花生壳等进行低温热解，之后产生的和木炭很接近的残渣，农业原料中有大概一半的炭留在里面。“农业炭”作为肥料，能改善土壤的产出、地力和稳定性，把温室气体效应降至最低。而产生于“农业炭”生产期间的二氧化碳，则能变成干净的生物能源。

澳大利亚的伍伦巴农业研究所研究出的最新成果，又一次证明了“农业炭”的超强潜能。工作人员在试验时采用 $1hm^2$ 的农田中施 10t 的“农业炭”的标准,结果显示,“农业炭”把小麦的产量提高了三倍,把大豆的产量提高了两倍多。与此同时,工作人员还进行了对比试验,即对“农业炭”单独使用、氮肥与“农业炭”一起使用,结果显示产量几乎一样。这表明,单独使用“农业炭”能达到和氮肥共同使用的增产效果。

“农业炭”还给环境与农民带来了其他好处。史蒂夫·肯姆伯是澳大利亚的伍伦巴农业研究所的环境科学家,他提出,在土壤中,地面覆盖物、农作物残余和混合肥料等里面的炭非常不稳定,两年到三年便会彻底分解完,变为二氧化碳。而在土壤中,“农业炭”非常稳定,能维持几百年之久。这表明,使用一样量的混合肥料与“农业炭”,施加一次“农业炭”就能维持几十年之久,而混合肥料每年都要施加,会加重农民的负担。从环境角度看,因为稳定的“农业炭”可以取代容易分解的、很不稳定的炭,所以土壤产生的二氧化碳会大幅度降低。把生物发电之后剩余的废渣当作肥料使用,能把农作物的产量提高,改善土壤的地力,降低温室气体。

日本的主食是大米,他们首先进行了试验,便是将木炭用在稻田中。把木炭施在稻田以后,土质得到改良,空气得到了一定程度的补充,微生物的活性、水稻的产量和地温得以提高。平均每一个稻穗的产量从没有施加木炭的 20g,提高到了施加木炭的 28.3g,产量提升 42%。

(2)经济作物方面

把木炭施加到旱田中,适合那些比较高级的水果与蔬菜类。木炭施加之后能将土壤的透气性和保水性都提高,同时补充作物所需的微量元素与矿物质,使得土壤的微生物能更好地繁殖,把作物的产量提高。比如试验栽培香瓜,最后瓜秧非常粗壮,果实也很甜美。一个秧上面结两个果,甜度会提高两至三度。此外,还对栽培西红柿、胡萝卜、萝卜、油菜和白菜等进行了试验,结果显示,对这些蔬菜施加木炭之后,产量和质量都会提高,病虫害都会降低。日本的岩手县山形村有很丰富的天然香菇,人们在这里借助木炭对香菇的增殖进行了试验,他们在林内的植被上每 $10m^2$ 设置一个试验区,在每 $1m^2$ 内都挖掉 10cm 的表土,然后把和指头一样大的一升木炭填到里面，再用3～5cm的新土盖到上面。在杂木混交林与红松林展开0.7hm^2的香菇栽培试验，结果显示，试验区的产量比对照区提高了20%。

日本在果园里栽培葡萄、苹果树、枇杷树、栗子树、杏树、柿树、梨树、桃树等以及管理成树的过程中，都展开了施加木醋液与木炭的试验，效果都非常好。尤其是栽培、嫁接苹果树苗、恢复树势、管理果园等，都有非常明显的效果。譬如，和对照区相比，长野县的果园中施加了木炭的区域的苗木树干又粗又高、有很多侧枝、树势非常旺盛。此外，施加木炭后，农药与化肥带来的麻烦也得到解决。所以，人们希望木醋液和木炭能慢慢替代农药与化肥，在果园里产生更大的作用。

茶的根很细，有很多水分。把木炭施加在茶园里之后，茶树有很好的长势，立枯病减少，茶叶的无机成分和产量提高，比如，日本的宫崎县把鸡粪与木炭按照3∶7的比例混合施加到茶园中，最后茶叶提高了5.3%的产量。静冈县茶园在每0.1hm^2的区域施加200kg木炭，一年之后，茶叶里很多有机成分都有了明显的增长，如钾、铅、锰等，茶树的叶子厚实、茎粗壮、味道清新。

(3)娱乐方面

人们的生活水平越来越高，热爱高尔夫球的人也越来越多。高尔夫球场的草坪以前的灭虫与杀菌方式是用挂鸟箱、农药，而使用农药会给下游水源与四周的环境带来非常严重的污染。所以，人们开始研究不用农药灭虫和杀菌，把木醋液当作杀菌的灭虫剂，木炭使得高尔夫球场把水中的有害物质排出去，对水质进行净化，效果非常好。

(4)融雪

木炭作为一种融雪剂，非常廉价。依据试验，拥有最好的融雪效果的方法是把18g直径为1mm与4mm混合的木炭粉撒到1m^2雪地中。和没有撒炭的区域相比，融雪速度要快4小时至7小时。木炭这一融雪剂有利于燕麦、小麦和大麦等越冬的作物。因为撒了木炭粉，积雪日缩短，消雪日提前了10天至14天，燕麦、小麦和大麦等越冬的作物能提高一成至二成的产量。与此同时，木炭对土壤的pH值能起到稳定的作用，能维持土壤中的钙、钾、鎵等离子的稳定性、土壤的营养以及土壤的缓冲性能。

(二)畜牧水产业应用

1.畜牧业的应用

饲养畜禽类的时候，把适当的木炭施加到混合的饲料中能产生很好的效果。比如，把木炭粉施加到鸡饲料中，能提高鸡的食欲，避免发生鸡球虫病，提升蛋的鲜度以及蛋黄膜和蛋壳的硬度，还能将保鲜期延长。日本的北海道进行了饲养试验，即在牛饲料里施加木炭粉，119天以后的结果显示，试验区域内的每一头牛的体重平均增长了213.3kg，对照区则平均增长了176kg。试验区域内的每一头牛的体重平均每天增长1.78kg，对照区则是平均增长1.48kg。此外，木醋液与木炭还能对牛舍和鸡舍进行消毒除臭，效果非常好。

2.水产业的应用

木炭作为多孔的碱性物质，孔隙里存在非常多微生物，这类微生物能净化水质，容易生长藻类，因此水产养殖业很适合使用木炭。比如在淡水中养鱼的时候，木炭粉可以撒到水面，能避免沉淀鱼饵发生腐败，从而净化水质。

(三)果蔬应用

以前在保鲜蔬菜与水果的时候，通常使用两种方式，即利用二氧化碳气保存的CA贮藏法、5℃低温贮藏法，能在很短的时间里抑制生成乙醛气体、蔬菜与水果的呼吸作用。但如果时间过久，二氧化碳的浓度过高，便会生成乙醛气体，导致蔬菜与水果太熟而逐渐腐烂。近日，日本某株式会社把一种活性化木炭研制出来。这种木炭分为两种，即薄膜状和粒状，炭用来保鲜蔬菜与水果，不仅对乙醛气于乙烯有很强的吸附能力，保鲜效果好，还对有害气体有很强的吸附能力，如恶臭气体氨、聚氯乙烯、四氯化碳、次氯乙烯、硫化氢、聚甲胺和甲硫醇等。因此，木炭是一种多功能的新型保鲜材料，尤其是薄膜状的活性化木炭很方便使用，能制作成包装箱，也能分层压制为瓦楞形状再加工和利用。

(四)工业应用

1.作为工艺材料

木炭在工艺材料中有两种,即观赏用炭与装饰用炭。装饰用炭通常多用作备长炭,由于备长炭有坚硬的质地和光泽度,用来做装饰品非常好看。在白衬壁上镶入木炭,趣味极强的装饰画便能形成。尤其在烤鱼店和烤肉店使用,不仅好看,还能除臭。观赏用炭能用一种独特的炭化容器烧制树木的叶、蔬菜与水果等很多东西,使其成为有观赏价值、多种多样的花炭。

竹炭是最近几年新开发出来的产品。竹炭和木炭对比,有很大的比表面积与独特的微小构造,所以吸附能力非常强,高温活化以后,能成为有更多功能的活性炭。和竹炭有关的产品有竹碎炭、竹炭颗粒、竹炭炭片、竹炭粉末和竹炭筒炭,以及竹炭制成的竹炭床垫、洗发精、沐浴露、护腕带、洗面奶、鞋垫、坐垫、枕垫、枕头、靠垫、文胸、马甲和腰带等生活品。

2.无纺面料炭布

无纺面料炭布指的主要是把一定含量的竹炭颗粒装到无纺布中。无纺面料炭布的制成方法是在横向与纵向两个方向上用缝合线缝合两层无纺布的面料,所有的缝合线分布均匀;用无纺布面料做成的小袋子装到所有方格的单元里,里面装有一定含量的竹炭颗粒,所有颗粒的直径在1～5mm之间。无纺面料炭布是用两层无纺布通过纵横的缝合线缝合而成,纵横的缝合线会交错成方格元,里面装着无纺布的袋子。所有的袋子里都有一定含量的竹炭颗粒。无纺面料炭布制成的产品可以脱臭、防菌、防霉和除湿等。

3.制作简易防尘、军事防毒口罩

竹炭布能制成军事上可以防毒、简单防尘的口罩。这种产品的特点是软质泡沫塑料片的两边分别有一个挂耳朵的小孔,中部上面能按着折叠线折叠到下面,而且中间还有竹炭制成的布包。简易防尘、军事防毒口罩的优点是低成本,方便使用,多次清洗后也能使用,还能防毒和防尘、吸附有害气体与异味等。

4. 制作高效空气净化机的过滤装置

竹炭布的过滤装置设置于空气净化器的出风口,优点是除尘和灭菌很高效,还能把高浓度的有害气体去除掉。

三、生物炭的应用意义

(一)生物炭的农业意义

科研工作者在农业生产的领域中,已经对生物炭展开多方向的探索,而且也证明了生物炭自身的良好结构与理化性质有利于作物产量的提高、作物质量的改善、微生物的生存和繁殖、土壤的改良等。

联合国气候变化委员会在农业环境领域的第四次评估报告中提出,温室气体的第二大主要来源是农田温室气体的排放;越来越多证据表明,生物炭能改善或者修复不良的环境,如农田温室气体排放等。环境、作物和土壤是不可分割、彼此依存的关系,特别是在我国的农业资源严重缺乏的条件下,对农业资源的不合理利用和过度开发等现象都使得生态系统不再平衡、环境污染越来越严重。所以,对于农业的可持续发展来说,农业的环境安全至关重要。生物炭技术的核心发展理念是“低碳、环保、可持续”,有利于维持农业环境的可持续发展与良性循环、防止土壤的污染、保护农业环境等。

另外,生物炭还能改良土壤。生物炭中存在着植物生长必不可少的营养元素,有优秀的物理性质,能调控养分,这便让土壤和生物炭发生作用,产生复杂的反应,有利于植物种子的发芽、植株的生长和发育,进一步把农作物的产量提起来。生物炭能降低肥料中有效养分的流失,如磷酸根离子和铵离子等,把肥料的肥效时间延长,促进作物的生长。

关于生物炭的肥效机制的研究如今还有争议,但是有一个观点的认可度非常高,即生物炭能直接提供出来的养分非常有限,对作物的生长能起到促进作用,主要原因是生物炭改良了土壤的理化特性,把土壤养分的有效性提高,把土壤的群落结构与微生物的丰度都改变,而不是作为碳元素直接被植物吸收。

(二)生物炭的生态意义

全球变暖越来越严重,温室气体是如今全世界共同面临的挑战。而生物炭可以收集植物光合作用吸收空气里的二氧化碳,并以固体的方式将二氧化碳封存,有利于土壤和大气的碳循环以及陆地的碳储存等。有专家认为,稳定性非常高的唯一炭源就是生物炭,能提高土壤的碳库容量、减缓温室气体排放。

此外,我国的水资源非常短缺,已经成为一大限制人民生活水平与国民经济的因素。如今,工业化和城市化进程速度飞快,水资源短缺的问题越来越严重。针对这一问题,目前有一个解决的好办法,即对污水回收再利用,此种做法的好处包括以下几种,即净化环境,稳定效益,可以开源节流,也能就近建厂等。近几年,我国各个地方都出台了不同程度的地方性法规,来提倡节约用水、合理利用水资源。

生物炭滤池有 3 个对污水的净化机理,第一,废水中的悬浮物被活性炭颗粒和生长于活性炭颗粒表面的生物膜展开接触絮凝与生物絮凝,从而被清除掉;第二,活性炭可以吸附于富集废水中的溶解性有机物;第三,活性炭缝隙里的微生物和活性炭表面的微生物在长时间的有机质停留期间,氧化分解了那些降解很慢的有机物,能让存在于活性炭中的生物再生。由于生物炭工艺和生化再生的过程相结合,所以,使用活性炭的周期很明显变长,一般为两年至三年。充分考虑别的污水处理方式,生物炭的优质特性能极大地满足城市污水与工业污水的处理要求。

城市、矿山、农业、工业、土木污水等主要是河流污染。木炭能净化河流,能很好地保护环境。比如,日本的南浅河因污染而变成了蚊虫滋生、恶臭的水沟。人们在编织袋里装一些 2～5cm 的碎木炭,扔到河底并用石头压住。过了几个月,污水慢慢变少,恶臭也没了。三年以后,河水又恢复了以前的面貌。人们检验这条河的水质发现,氨态氮从 3.9ppm 变成了 0.17ppm,化学耗氧量也从 11ppm 变成了 4.5ppm。

生物炭在其他方面也有很大的用处:生物炭能缓释肥料的养分,能把土壤的 CEC 提高,把土壤磷氮养分的流失减少,有利于对水体富营养化的缓解。据证实，生物炭对于很多物质都有非常强大的吸附作用，如石油污染物、重金属、除草剂和农药等，能减少植物对毒害物质的吸收风险。生物炭还能对土壤的氮和碳转化产生影响，减少一氧化碳、甲烷、氧化氮等温室气体的排放，对气候变暖起到缓解作用。与此同时，生物炭还能处理水污染、净化水质，进一步改善水质。

(三)生物炭的经济意义

在制作生物炭期间，生物质厌氧热解的过程还能产生混合气和生物油，混合气与生物油能利用蒸汽催化分离的方式生成氢气，将其作为能源物质或者合成氨的原料，还能对这些生物油加工，生产出工业化学品。因此，利用一些化学转化，生物炭能把更干净的能源制造出来，也能减少排放化石燃料中的炭。

第二节　生物炭的理化特性及其田间应用

一、生物炭的制备方法

生物炭是生物质在缺氧或无氧的条件下，热解、炭化形成的富碳固态材料。生物炭的来源十分广泛，作物秸秆、树木残枝、木屑、动物粪便、果蔬残渣等等，只要是生物质材料都可以制备生物炭。[①] 生物质的热解炭化过程主要就是对生物质原料中的纤维素、半纤维素和木质素裂解生成各种挥发物质、焦油和残留的固体物质即生物炭的过程。生物炭的制备方法主要包括热解法、水热炭化法、微波炭化法等。

(一)热解法

热解法是目前最常用且成熟的传统制备方法，是使生物质的化学成分热降解，同时使整体反应气氛保持惰性以获得能量、形成碳材料的过

① 张斯奇.果枝生物炭的制备及其对不同原料厌氧发酵效果的影响[D].咸阳：西北农林科技大学，2022.

程，整个过程发生在400～1200℃的温度范围内。纤维素、半纤维素、木质素作为常见生物质原料的主要成分，在热解过程中会发生相互作用。因此，生物质热解涉及脱水、解聚、异构化、芳香化、脱羧化和炭化等复杂过程。

当前，热解工艺根据加热速率、加热方式以及停留时间等差异，可以分为快速热解及慢速热解。慢速热解的主要特点是加热速度缓慢，停留的时间较长。慢速热解的过程中，可以将生物质加热到400～600℃左右，慢速热解的加热速度大致为0.1～1℃/s，整个过程可以持续几分钟到数小时。慢速热解可以促进固体碳物质的形成，加热速率较低，气体停留的时间较长，这为完成各种副反应提供了充足的时间和适宜的氛围，在整个过程中，气体的停留时间较长，其间，可以让二次反应形成的气体转化消除，进而产生含碳量较高的生物炭，整个过程耗费的时间较长，但是，产生的生物炭产率较高，可以达到30%～60%左右。

随着科技的进步发展，生产设备的不断改良，20世纪70年代，流化床设备得以提升，快速热解也逐渐流行。快速热解的温度可以达到850～1250℃，升温的速度可以达到10～200℃/s，此外，温度的停留时间保持在1～10秒。快速热解的主要产物是生物油，并且，快速热解可以产生液态生物油、生物炭和不凝结气体产物。快速热解的原理是将生物质加热到快速热裂解的温度，并尽量缩短反应时间。研究人员曾利用自制的流化床反应器进行快速热解，其间，用到的两种生物质原料是芦苇和洋蓟，最后结果查明，当升温速率不断升高时，生物炭的热值就会降低，氧含量会升高，产率会下降10%～20%。快速热解的优点是停留时间短，但是，缺点也很明显，快速热解获得的比表面积和生物炭产率都比较低，并且，快速热解形成的产物成分复杂，热值低，因此，快速热解的实用性不高，在实践中的应用有限。

20世纪90年代初期，闪速热解开始形成。此种热解工艺使用的是填充床反应器，它的加热速率可以达到1000°C/s以上，但是，闪速热解的反应温度并不高，保持在300～650℃之间，此种热解工艺的停留时间处于快速热解和慢速热解之间。闪速热解的突出特点是停留时间短、生物炭的产率较高，可以达到 28%～32%，但是，缺点也很突出，不仅需要在一定压力下完成，而且需要借助空气点火，此外，它对反应器的硬件要求很高，操作起来也相对比较危险。热解压力会影响生物炭的颗粒大小和颗粒形状，也在一定程度上影响生物炭的比表面积。根据研究可知，当温度达到 500℃时，把开心果的果壳热解时间从一个小时增加到两个小时，生物炭的产率会随之降低，延长热解时间，虽然产率的变化不明显，但生物炭的比表面积以先高后低的趋势发生改变。

(二)水热炭化法

水热炭化法，是一种非常适用于处理高含水量的生物质原料。与最常用的生物质热解法相比，处理水分含量较高的生物质原料，可显著降低脱水和干燥时间。整个反应都需要以水为介质，把生物质和水根据合理的比例混合，并封闭在反应容器中，当满足适合的反应温度和反应器的自压力时，反应几分钟到几个小时，并在此基础上模拟煤的自然形成过程，包括水解、脱水、脱羧、聚合等反应路线，进而形成富含碳元素的固体物质和液态生物油。其中，与热解制形成的生物炭不同，富含碳元素的固体物质的制备方法和属性不同，这种含碳固体物质被称为水热炭。

因此，水热炭化法又可以称为亚临界水处理、人工炭化过程以及湿法烘焙等。这种制备方法的突出特点是炭产率相对较高，可以达到 40%～60%，甚至还有更高的，相较于水热碳化，费托工艺的各项特点更突出，可以将可燃气体合成液态燃料。费托工艺的碳回收率可达 35%～40%，热解工艺可以达到 38%～43%，发酵工艺可以达到 32%。费托工艺产生的水热炭具有良好的疏水性，很容易完成固液分离，通常情况下，它的比表面积比生物炭低。在水热炭化的过程中，会形成大量液态生物油，并且，生物油中含有多种有机酸，可以溶解各种无机金属盐，所以，水热炭化产生的灰分含量相对较低；通过脱水、脱羧反应，氢和氧含量降低，但是，整个反应的温度偏低，所以，该反应生成的氢和氧含量远比热解反应产生的生物炭含量高，并且，水热炭化具有微纳米级结构。

值得一提的是，水热炭化存在潜在的污染问题，水热炭化反应结束以后，液相中形成了各种中间体、水解物以及二级聚合物，比如氨基酸、酚类、糖类、脂肪酸等，这些物质中的某些产物会影响水生生物的生长发育，并且，其中的有毒物质还会影响土壤的肥力和水分。所以，将液相直接排出可能会产生严重的环境污染问题，所以，水热炭化工艺的发展需要重点关注如何处理反应废水。

（三）微波炭化法

微波炭化法指短时间内用微波能量加热生物质前驱体，让生物质前驱体依次发生脱水反应、裂解反应和炭化反应。微波的波长集中在 1mm～1m，波长越短，频率越高，在 300MHz 到 300GHz 之间的量子特征比较明显。在生物质材料中，各成分的热稳定性不同，当温度升高时，各组成成分会逐渐发生脱水、解聚、缩合等自由反应，经过一系列化学反应，这些组成成分最终会形成不同的小分子含氧有机物。除此之外，生物质材料本身具有低热传导性，热量在传导的过程中会形成一定温差，进而导致生物质发生二次裂解。

二、不同炭化温度下生物质炭的理化特性

生物炭具有富集大量碳元素和各种矿质元素，各种元素的含量主要受热解温度和生物质原料的影响；生物炭在热解过程中经过脱水等各种反应形成了丰富的孔隙结构，同时也产生了高度羧酸酯化结构和芳香化结构，对重金属等具有吸附作用；生物炭还具有丰富的酸碱官能团有利于提高土壤阳离子交换量。

通常情况下，生物质炭在低温下热解形成，这里的低温是指低于 700℃，当热解温度不断升高时，生物质炭的芳香化程度随之增强，碳含量随之增加，氢、氧等元素的含量随之降低，其他微量元素的含量随之增加。不同的原材料，需要在适宜的温度下发生炭化反应，在适宜温度下形成的生物质炭具有相对稳定的属性，所以，寻找适宜的温度进行炭化反应可以有效减少损害。例如，花生发生炭化反应的最佳温度是 300～400℃，在

合适的温度下，花生壳炭的 pH 值、孔隙度以及基团数量都趋于平稳状态；但与花生壳相比，竹子和椰壳等物质对炭化温度的要求更高。

根据研究结果可知，低温炭化的生物质炭具有丰富的表面官能团，还能通过化学反应吸附阳离子和阴离子；但是高温炭化的生物质炭具有发达的孔隙结构，可以吸附一些离子和小分子物质。根据研究表明，如果原材料是花生壳和玉米秸秆，热解温度是 300～500℃之间，那么这种条件下制备成的生物质炭，当热解温度升高时，碘吸附值和亚甲基蓝吸附值会降低，当温度达到 500℃以上时，微孔结构的可塑性大幅度增强，吸附值则大幅度降低。根据研究表明，在 300～600℃下制备的水稻秸秆炭发生吸附反应时，产生的生物质炭可以对重金属离子产生较强的吸附能力。

三、生物炭在农业上的应用

(一)土壤改良剂

生物炭是一种土壤改良剂，它的历史悠久、具有广阔的发展前景。生物炭可以利用土壤酶动态以及调节作用提升土壤肥力，进而促进农业的可持续发展和绿色发展。生物质对土壤具有直接影响和间接影响，直接影响主要体现在含有营养物质丰富的添加剂，能有效改善土壤养分；间接影响主要表现在它可以减少土壤的养分流失，可以有效改善土壤的理化特性，并提升土壤的持水能力和曝气量等。将生物炭应用于改良盐碱土试验中，结果发现能够降低土壤 pH，增加土壤有机质含量，与对照相比，将生物炭施用于盐碱土中有利于促进盐分淋失。研究发现，将秸秆生物炭施用于南方葡萄园中，能够降低土壤容重，提高土壤含水量、有机质、速效磷和速效钾含量，从而提高葡萄品质。利用 400℃快速热解制备的松木屑生物炭改良沙漠土壤，发现生物炭的添加增强了沙漠土壤的持水能力、提高了 pH 与各类营养元素含量，同时使得种植高粱的产率提高了 18%～22%。

(二)修复污染土壤

生物炭具有良好的吸附作用，因为它的比表面积较大，且具有丰富的表面官能团和孔隙结构，可以吸附各种有机污染物，不同类型的生物炭具有不同的吸附功效，并且，生物炭还具有不同的吸附机制，比较常见的有疏水作用、静电作用、芳香作用以及分配作用等。

研究发现，以茶叶、硬木等废料为原料，在700℃的热解温度下热解并经蒸气活化制备的生物炭对2,4－二氯苯氧乙酸的最大吸附量为58.8mg/g，经过改性后，增加了生物炭表面的官能团，增大了比表面积和孔隙度，对2,4－D的吸附量有显著提高。

研究表明，在处理香蕉假茎的过程中，用磷钼酸作氧化剂，在200摄氏度的低温热解下制备生物炭，此种做法会让亚甲基蓝的吸附量提升很多。亚甲基蓝的吸附能力得以增强的主要原因是亚甲基蓝增加了表面含氧官能团及孔道，吸附机制主要取决于阳离子交换作用、静电作用等。其中，比较常见的是重金属污染修复，重金属包括Cd、Zn、Pb等。

研究人员对施用硫一改性生物炭(S－BC)和硫铁改性生物炭(S－Fe BC)进行研究，重点研究了它们对镉元素迁移转化的影响。研究发现，施加改性生物炭可以增加水稻的产量，并促进水稻根表面形成铁斑，进而减少水稻的镉含量，其中，添加硫铁改性生物炭可以降低大米的镉含量，让镉含量从0.26mg/kg降到0.18mg/kg。与此同时，根据土壤分析结果可知，施用生物炭可以降低土壤中的镉含量。

(三)促进作物生长

施用生物炭可以促进作物生长提高作物产量。生物炭在水稻苗期实验中发现，添加生物炭后，可显著增加根系活力、叶面积及地上部干物质量等。在烟叶生产中施用适量生物炭同时降低氮肥施用量，能够显著降低总氮和烟碱含量，提高烤后烟叶总糖、还原糖含量，有利于提升烟叶化学成分协调性。

生物炭在玉米秸秆作物试验中，适量施用能够提高玉米净光合速率，促进玉米生长和提高作物产量。在生物炭应用于小麦农田试验中，5t/hm^{2}能够显著提高冬小麦拔节期、开花期和成熟期0～100cm土壤有效养分的垂直分布与积累，较对照显著提高籽粒产量17.02%。

第三节　生物炭对植烟土壤的影响

在低氧高温下，生物质生成的生物碳质具有较强的稳定性，表面积较大，孔隙较多。近几年时间里，农业生产在应用研究的过程中，越来越注重生物炭的应用和研究，生物炭主要应用于改善土壤，促进农作物的发育和成长。在这个过程中，生物炭的主要作用是提高土壤的含水率，有效降低土壤容重，进而改善土壤的理化特点，最终提高农作物产量。研究发现，使用适量生物炭可以促进烟苗生长，相反，如果生物炭使用过度，会抑制烟苗生长；另外，玉米秸秆生物炭可以促进烤烟的生长，为烤烟提供充足的水分并提升养分库容；生物炭还可以有效改善宁夏地区低质淡灰钙土的养分，促进农作物的生长，进而提升产量；适量的生物炭可以促进烤烟的生长，并将烟叶中的镉含量降低。研究表明，生物炭还可以有效改善植株的土壤环境，不断促进农作物生长。

一、生物炭对不同烤烟品种根际土壤理化性质的影响

(一)材料与方法

1. 试验材料

从各个处理选择长势一致的烤烟 3 株，挖出完整根系，同时用抖落法获取根际土壤样品，不种烟的土壤用工具混匀后取样，然后带回试验室，放在阴凉通风处风干后过 2mm 筛，用于土壤养分的测定。

2. 土壤样品的采集与测定

土样采集方法：在烟苗移栽后 45 天，从各处理中选取长势长相良好且具有代表性的 3 株烟株，细致地取出完整根系，通过抖根法得到适量的根际土，放置于标有标号的取样袋内，带回实验室自然风干后过 2mm 筛，测量土壤基础指标。土壤 pH 的测量使用 pH 计(Crison Instruments SA 公司生产)；土壤总碳及总氮的测量使用碳氮元素分析仪(德国 Elementar 公司)；土壤有机碳的测量使用总有机碳分析仪(德国 Elementar 公司)；硝态氮及铵态氮的测量使用全自动化学分析仪(意大利 AMS 公司)；速效

磷和速效钾的测量分别使用碳酸氢钠浸提—比色法和醋酸铵浸提—火焰光度计法。

3. 数据分析与处理

采用 Excel 2007 进行基础数据的整理，采用 SPSS 19.0 进行数据显著性差异分析。

(二)结果与分析

1. 对 pH 的影响

不施用生物炭的情况下，pH 在不同品种间无显著性差异；施用生物炭降低了 CK 组根际土的 pH，各品种根际土的 pH 均有不同程度的升高(图 4—1)。

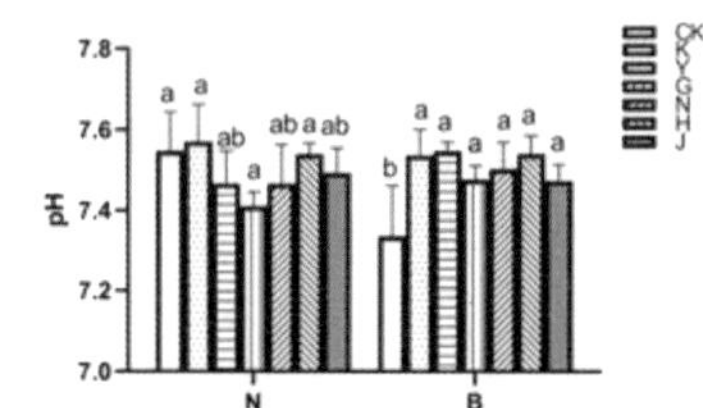

图 4—1　生物炭对不同烤烟品种根际土 pH 的影响

2. 对速效钾的影响

不施用生物炭的情况下，速效钾在不同品种间有所不同，红花大金元、净叶黄、G28 和 NC82 的根际土速效钾相对较高；施用生物炭则对 K326 和云烟 87 的根际土速效钾促进效果较强(图 4—2)。

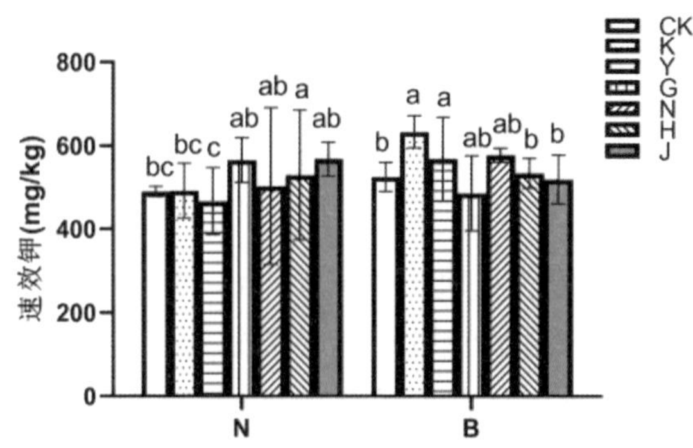

图 4—2　生物炭对不同烤烟品种根际土速效钾的影响

3. 对速效磷的影响

不施用生物炭的情况下，不同品种的根际土速效磷变幅较大，G28 和 NC82 的根际土速效磷相对较高；生物炭的施用对各品种根际土速效磷无明显作用，施炭组中 K326 和云烟 87 的速效磷相对较高（图 4—3）。

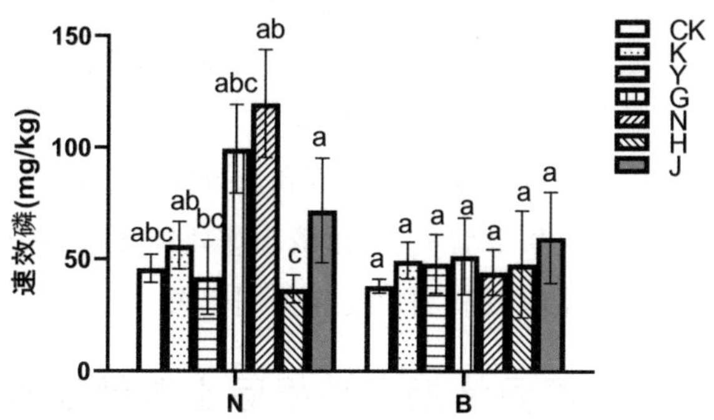

图 4—3　生物炭对不同烤烟品种根际土速效磷的影响

4. 对碱解氮的影响

不施用生物炭的情况下，NC82 的根际土碱解氮显著高于其他品种；施用生物炭明显增加了各烤烟品种根际土的碱解氮含量，且品种间差异不显著（图 4—4）。

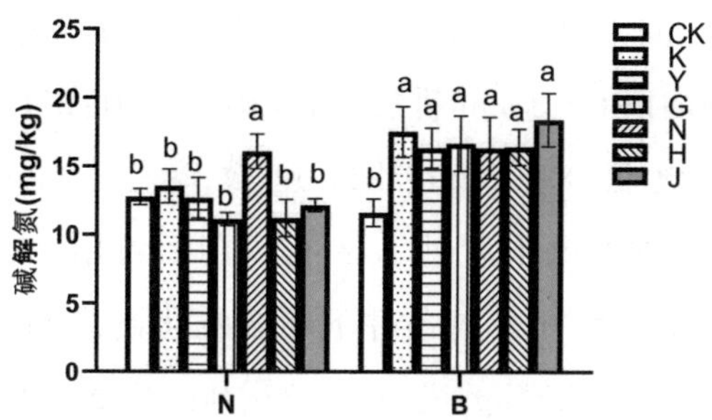

图 4—4　生物炭对不同烤烟品种根际土碱解氮的影响

（三）小结

本研究发现不同烤烟品种的根际土速效养分存在显著差异，高抗品种 G28 和 NC82 的根际土速效钾和速效磷含量相对较高，NC82 的碱解氮显著高于其他品种，这里猜测高抗性品种的根际效应激发了土壤微生物的活性，增强了对速效养分的固定持久作用。营养物质的有效性增加可能会改善植物生长，进而提高其抗病能力。

施用生物炭对土壤理化性质的影响不同，生物炭对各品种根际土的pH均有不同程度的升高作用；生物炭明显增加了各烤烟品种根际土的碱解氮含量，对各品种根际土速效磷含量无明显作用，对中抗品种K326和云烟87的根际土速效钾具有明显的促进效果。这说明不同烤烟品种根际土速效养分对生物炭的响应不同。已有证据表明，作物不同品种间根际土壤化学特征存在差异，并与其抗病性存在一定关系。Li等研究发现小麦抗赤霉病品种根际土壤中硝态氮和速效钾含量较高。杨绍琼等报道香蕉感病植株根际土壤碱解氮、有效磷和速效钾含量高于健康植株，可能与其感病后营养元素吸收和利用受到抑制有关。

二、生物炭对不同烤烟品种根际土壤细菌多样性及群落结构的影响

(一)材料与方法

1.供试材料

试验于2020年5月至9月在河南农业大学许昌校区现代烟草科教园区(34°18′N，113°48′E)的玻璃温室内完成。该地域属暖温带季风气候，年均降雨量780mm，年平均气温15.2℃。供试土壤为植烟褐土，取自该区域代表性休耕烟田0～30cm耕层土，基础肥力为：pH为7.57，有机质11.5mg/kg，有效氮81.59mg/kg，速效磷10.09mg/kg，速效钾134.57mg/kg。土样经风干后过1cm孔径筛后备用。所用生物炭为花生壳生物炭，在450℃密闭贫氧条件下连续炭化制成，基础理化性状为：pH为8.33，总C414.72g/kg，总N14.36g/kg，C/N＝28.88，比表面积22.97m^2/g，由河南惠农土质保育研发有限公司提供。供试烤烟品种为K326，NC82和净叶黄，种质资源由河南农业大学烟草育种实验室提供。

2.试验设计

试验设置为盆栽试验，采用两因素随机区组试验设计，生物炭与试验品种是试验因素。选用3个烤烟品种(K326，NC82和净叶黄)，未种植烟草为对照，每个品种及对照分别设置为施用和不施用生物炭的处理，共计

8个处理组合，每个处理重复5次，每3盆为一次重复，一共120盆，具体处理见表4－1。盆规格为外径33cm，高31.5cm，底径22.5cm，每盆装土15kg，施用生物炭及化肥的种类和用量均保持一致，施肥依照当地常规方法施肥，每盆施氮(N)2.5g，氮(N)、磷(P_2O_5)、钾(K_2O)比例为1：1.5：3，供试氮肥为分析纯NH_4NO_3，磷肥和钾肥为KH_2PO_3和K2SO4，每盆施生物炭100g，移栽前将生物炭、肥料与土壤均匀混入盆中，置于玻璃温室内。于2020年5月5日移栽，移栽后浇足定根水，使烟苗及时复苏。之后每周定时浇水，以防止土壤板结。

表4－1 试验处理设置

处理编号	烤烟品种	生物炭
CKB	不种烟	施用100g
KB	K326(K)	
NB	NC82(N)	
JB	净叶黄(J)	
CK	不种烟	不施用
K	K326(K)	
N	NC82(N)	
J	净叶黄(J)	

3.样品采集和测定

烟苗移栽后45天，在每个处理选取5株长势均匀的代表性烟株，采集根际土，每份根际土分为两部分，一部分低温采集后直接储存在超低温冰箱内，后面用于16SrRNA基因测序分析，另一部分土壤待自然风干后过筛，后面用于土壤基础指标的测定。

4.数据处理与分析

运用Flash 1.2.11进行pair－end双端序列拼接；Fastp 0.19.6用来进行测序序列质控；Qiime 1.9.1用来生成各分类学水丰度表以及beta多样性距离计算；Uparse 7.0.1090用来进行OTU聚类；RDP Classifier 2.11用于序列分类注释；Usearch 7进行OTU数量综合统计；Mothur 1.30.2用于样品微生物alpHa多样性分析；16S rRNA基因数据库采用SILVA 132比对。

(二)结果与分析

1.样品脱机测序数据统计

表 4－2 显示了高通量测序后各土壤样本脱机数据的统计结果，依照 97％的相似性阈值聚类后，40 个土壤样本的平均有效序列数约为 54693 条，平均序列长度为 417bp，平均最短序列长度为 233bp，平均最长序列长度为 498bp。高通量测序有效数据量获取足够，可以进行后续分析。

表 4－2　各样品测序数据结果统计表

样品编号	有效序列数	序列平均长度		最短序列长度	最长序列长度
Sample_name	Effective num	Mean_len		Min_length	Max_length
CK1	67690	415.968976		203	503
CK2	53039	416.127661		203	504
CK3	54228	416.485856		248	520
CK4	63131	416.496761		242	501
CK5	57405	416.636303		222	507
CKB1	48631	415.81884		250	475
CKB2	56405	415.833685		258	489
CKB3	49817	417.255094		203	516
CKB4	51724	416.006535		258	493
CKB5	56217	416.384901		207	507
K1	57165	416.603394		214	507
K2	57617	416.323082		246	516
K3	51262	416.598572		230	503
K4	58204	416.454917		222	469
K5	54114	415.927468		203	485
KB1	58052	418.019689		246	504
KB2	69905	416.86556		203	539
KB3	62807	416.419603		264	504
KB4	65009	416.862988		223	482
KB5	57316	416.944884		235	505
N1	56768	417.091037		203	504
N2	63157	417.269345		249	482
N3	57941	417.586459		245	468
N4	53463	418.679049		212	515
N5	52258	417.033048		246	518
NB1	64368	417.206982		203	492

续表

样品编号	有效序列数	序列平均长度	最短序列长度	最长序列长度
NB2	45983	416.927843	203	487
NB3	54469	416.176247	238	505
NB4	59779	417.104067	250	527
NB5	52136	417.905516	263	534
J1	40301	417.639215	235	491
J2	46065	416.679757	246	503
J3	49807	417.216134	265	485
J4	46580	417.007793	235	458
J5	58338	416.696527	250	472
JB1	49678	416.609445	216	498
JB2	46910	418.140482	245	466
JB3	46353	415.859081	246	468
JB4	42247	416.834237	245	503
JB5	51397	417.060004	231	496
Average	54693.4	416.8189259	232.65	497.525

2. 土壤细菌多样性分析

(1)样本 OTU 测序分析

随着测序样本量的增大,Pan 曲线斜率逐渐降低,各分组内所有样本包含的 OTU 总和不断增加并趋于达到平缓。土壤样本的测序评估质量达到后续分析要求。净叶黄组和 NC82 组的总 OTU 数较高,K326 组的总 OTU 数较低。Core 曲线反映了所有样本的核心 OTU 数变化情况,这里观察到 Core 曲线的斜率逐渐下降,在不同分组下各个样本间共有的 OTU 数目的减少趋势一致并达到平稳,物种测序评估质量达到后续分析要求(图 4—5)。

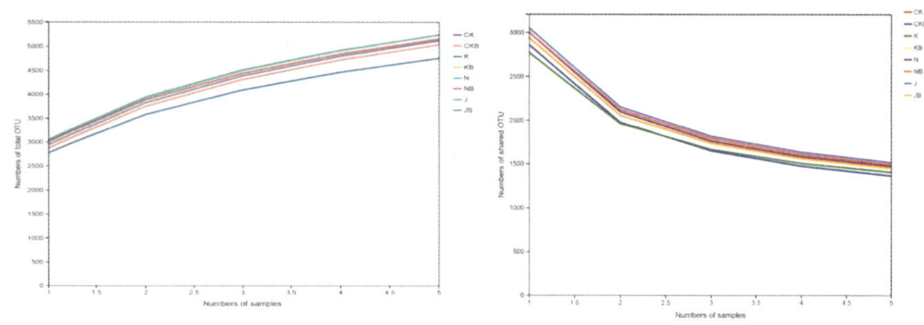

图 4—5　各土壤样本的测序物种 Pan(左图)与 Core 曲线(右图)

(2)土壤样品多样性指数

样本序列抽平原则依据最小样本序列数进行抽平,用于分析的各样本的有效序列数目为 30122 条;40 个土壤样本经过 97%的相似性阈值划分及 OTU 聚类后可归类为 45 个门,146 个纲,360 个目,580 个科,1091 个属,2264 个属以及 8021 个 OTU。

由表 4—3 可知,各处理组合的样本测序覆盖率在 96%以上,说明检测出的细菌群落的覆盖度足够大。生物炭的施用对土壤细菌多样性无显著影响。除了 ACE 指数的其余多样性指数均受到品种因素的显著影响。生物炭与品种互作效应主要对细菌丰富度起作用,有效序列数与 Chao 指数互作效应的显著性检验分别达到极显著和显著水平。不同烤烟品种根际土壤细菌有效序列数表现为:净叶黄>NC82>CK(无烤烟品种)>K326。施用生物炭后 K326 的有效序列数显著增加,Chao 指数和 ACE 指数也呈现出相似的规律;Shannon 指数和 Simpson 指数显著受到品种差异的影响。NC82 和净叶黄品种处理的 Shannon 指数显著高于 CK 和 K326,Simpson 指数则显著低于 CK 和 K326,这说明净叶黄和 NC82 的根际土壤细菌多样性更高,常规品种 K326 的根际土壤细菌多样性同未植烟土壤类似。生物炭的施用显著增加了(降低了)K326 根际土壤细菌的 Shannon 指数(Simpson 指数),生物炭对该品种的根际土壤细菌多样性具有促进作用。

表 4—3　生物炭对烤烟品种根际土壤细菌多样性的影响

品种	序列观测值		Chao 指数		ACE 指数		Shannon 指数		Simpson 指数	
varieties	observed richness		Chao estimator		ACE estimator		Shannon index		Simpson index	
	N	B	N	B	N	B	N	B	N	B
CK	2940.8ab	2863.2bc	4345.91ab	4179.87b	4585.29a	4602.12a	6.4bcd	6.37cd	0.12ab	0.12ab
K	2774.2c	2939.4ab	3956.47c	4264.76ab	3927.44b	4537.89ab	6.33d	6.5ab	0.14a	0.08b
N	3013.4a	3005.4a	4316.56ab	4304.45ab	4617.43a	4422.9ab	6.56a	6.56a	0.08b	0.08b
J	3051.6a	2941.2ab	4472.25a	4325.27ab	4736.61a	4508.3ab	6.56a	6.49abc	0.07b	0.1ab
变异来源										
生物炭(BF)	ns		ns		ns		ns		ns	
品种(VF)	**		**		ns		**		*	
BF*VF	**		*		ns		ns		ns	

注：同一列标记的不同字母表示在 P<0.05 水平差异显著；"ns"表示差异不显著(P>0.05)；*和**分别表示差异显著(P<0.05)和极显著(P<0.01)，下同。

3. 土壤细菌群落物种组成特征

(1)不同样本土壤细菌门水平上的相对丰度

图 4—6 显示了各处理门水平群落物种组成，供施土壤样本的优势细菌门为放线菌门(Actinobacteriota)(36.75%)、变形菌门(Proteobacteria)(18.39%)、酸杆菌门(Acidobacteriota)(12.14%)、绿弯菌门(Chloroflexi)(11.52%)、厚壁菌门(Firmicutes)(7.3%)、芽单胞菌门(Gemmatimonadota)(2.58%)，它们的合计丰度占总丰度的 88.68%。放线菌门(Actinobacteriota)在对照组和 K326 组的丰度高于 NC82 组和净叶黄组，生物炭的施用减少了对照组和 K326 组的放线菌门(Actinobacteriota)丰度，分别降低了 3.37%和 11.17%，增加了 NC82 组和净叶黄组的相对丰度，分别增加了 2.3%和 6.05%。变形菌门(Proteobacteria)在品种间的相对丰度排序为净叶黄(19.27%)>K326(18.86%)>CK(17.57%)>NC82(16.93%)，施用生物炭后相对丰度排序为 CK(19.6%)>K326(18.91%)>NC82(18.75%)>净叶黄(17.2%)；酸杆菌门(Acidobacteriota)品种间的相对丰度排序为 NC82(16.62%)>净叶黄(12.01%)>CK(10.42%)>K326(10.37%)，施用生物炭后相对丰度排序为 NC82(14.27%)>净叶黄(12.8%)>K326(12.78%)>CK(7.85%)；绿弯菌门

(Chloroflexi)品种间的相对丰度排序为 CK(12.11%)>NC82(11.72%)>净叶黄(11.34%)>K326(10.64%),施用生物炭后相对丰度排序为净叶黄(12.17%)>CK(11.46%)>NC82(11.35%)=K326(11.35%)。生物炭的施用对不同品种处理细菌优势门类的影响是不同的,部分优势细菌门的相对丰度排序已发生改变。

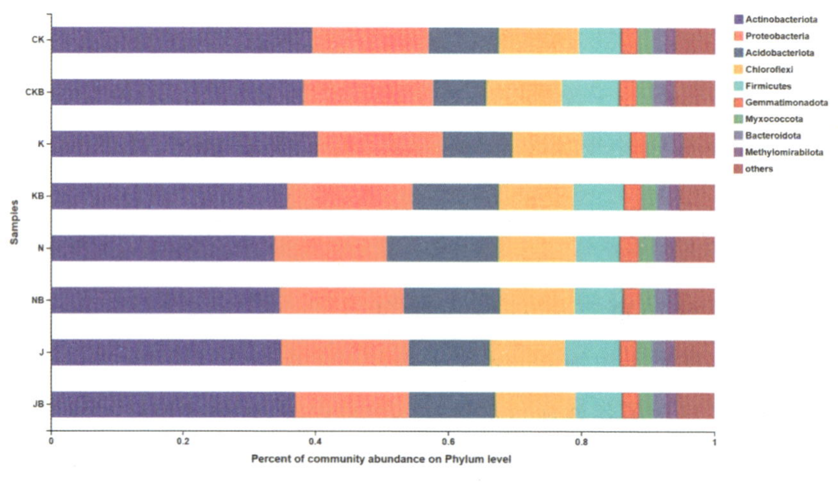

图 4-6　门水平的群落丰度柱形图

(2)不同样本土壤细菌属水平上的相对丰度

根据属水平的物种注释及丰度信息(图 4-7),K326、NC82 和净叶黄的根际土壤优势细菌属为节杆菌属(Arthrobacter)、芽孢杆菌属(Bacillus)和 norank_f_norank_o_Vicinamibacterales,分别占样品总丰度的 10.03%、4.35%和 3.39%;施用生物炭后减少了 K326 根际土壤节杆菌属(Arthrobacter)的相对丰度,增加了 NC82 和净叶黄根际土壤节杆菌属(Arthrobacter)的相对丰度;芽孢杆菌属(Bacillus)的相对丰度在施炭前后差别不大。

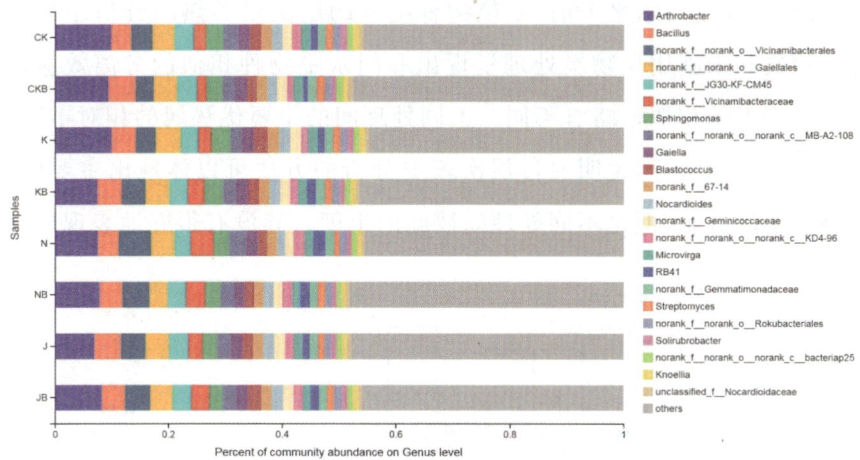

图 4－7　属水平的群落丰度柱形图

(3)物种丰度及样本聚类热图

根据物种注释信息和丰度信息，在属水平上选取排名前 35 名的物种绘制热图，由图 4－8 可知，除 NC82 未施炭处理外，施用生物炭与未施用生物炭处理的细菌群落结构相似性存在显著差异，不同处理之间的主要细菌门类相对丰度差别变化不大。具体处理间层次聚类结果表明，CK 和 K326 处理间距离最近，NC82、K326 施炭处理和净叶黄处理相对距离较近，聚成一组。

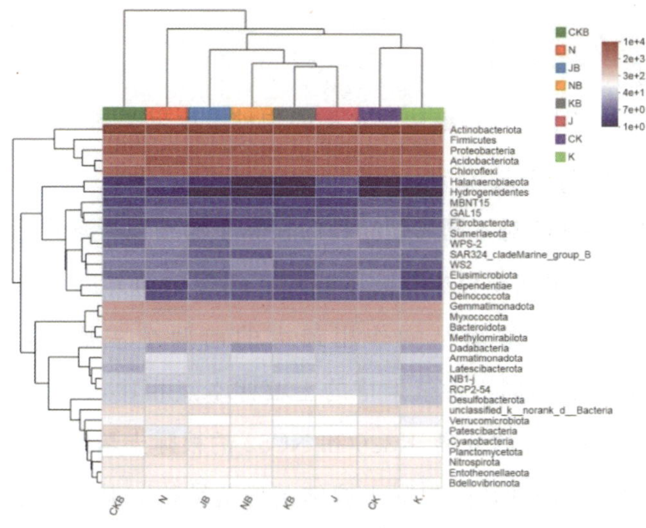

图 4－8　细菌门水平的物种丰度聚类图

图 4—9 是属水平上前 40 位物种组成的层次聚类热图分析结果，施用生物炭和未施用生物炭处理呈现出和门水平物种相似的分离效应，在具体处理上的相似性略有不同。不同处理间的主要优势属的相对丰度没有得到很好的区分，说明通过层次聚类分析的方法可以体现出主要优势物种的丰度分布，但是不同处理间彼此的丰度差异没有很好地表现出来。

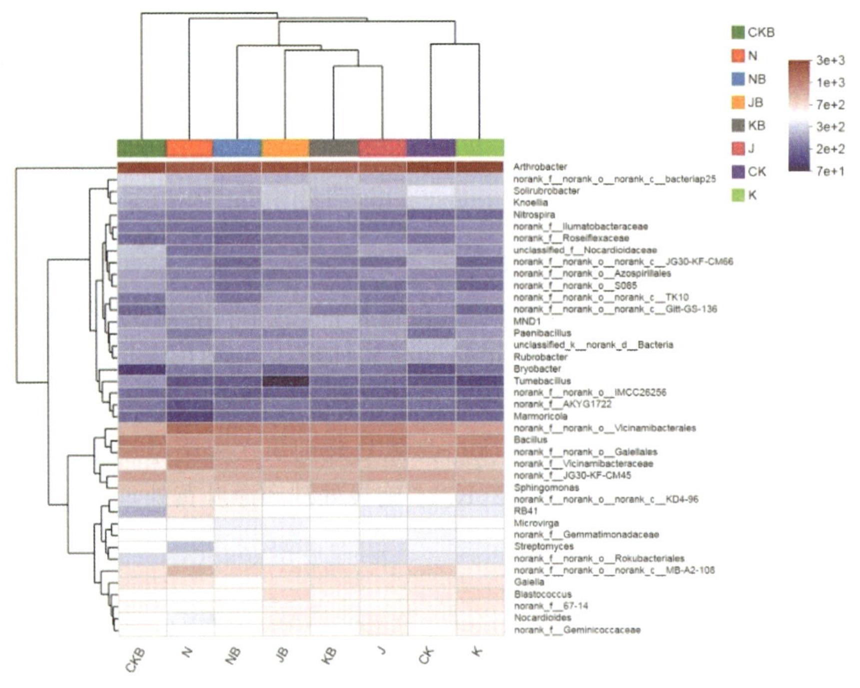

图 4—9　细菌属水平的物种丰度聚类图

4. 样本群落比较分析

这里基于 OTU 对不同烤烟品种的根际土壤细菌群落进行了主成分分析（图 4—10），组间差异达到极显著水平（$P<0.01$），PC1 和 PC2 是降维提取出的对细菌群落结构作用最大的前两个主成分，分别达到 48.86%和 17.13%，同不种植烟草的土壤样本点相比，三个烤烟品种的样本点与其呈现明显的分离，K326 和 NC82 的根际土壤细菌群落结构具有一定的相似性，净叶黄的根际土壤细菌群落结构与其他样本发生明显的分离效应。这些结果表明烟草根际土壤细菌群落与非植烟土壤有明显

不同,且品种之间存在细菌群落结构特征的分化。

不论是否种植烟草,生物炭的施用均明显改变了土壤细菌群落结构特征(图 4—11),对于未植烟土壤,生物炭施用改变了土壤样本的分布态势,即由 PC2 轴方向主导的变异转变为 PC1 轴方向主导的变异;不同烤烟品种根际土壤细菌群落结构对于生物炭输入的响应模式是不同的;K326 施炭组的样本组内变异明显增加,PC1 与 PC2 两个主成分的累计贡献率达到 48.14%;生物炭的施用对 NC82 组样本点的影响主要由 PC1 主成分体现;生物炭的输入后净叶黄根际土壤细菌群落较原来的分布呈现出很强的分离效应。

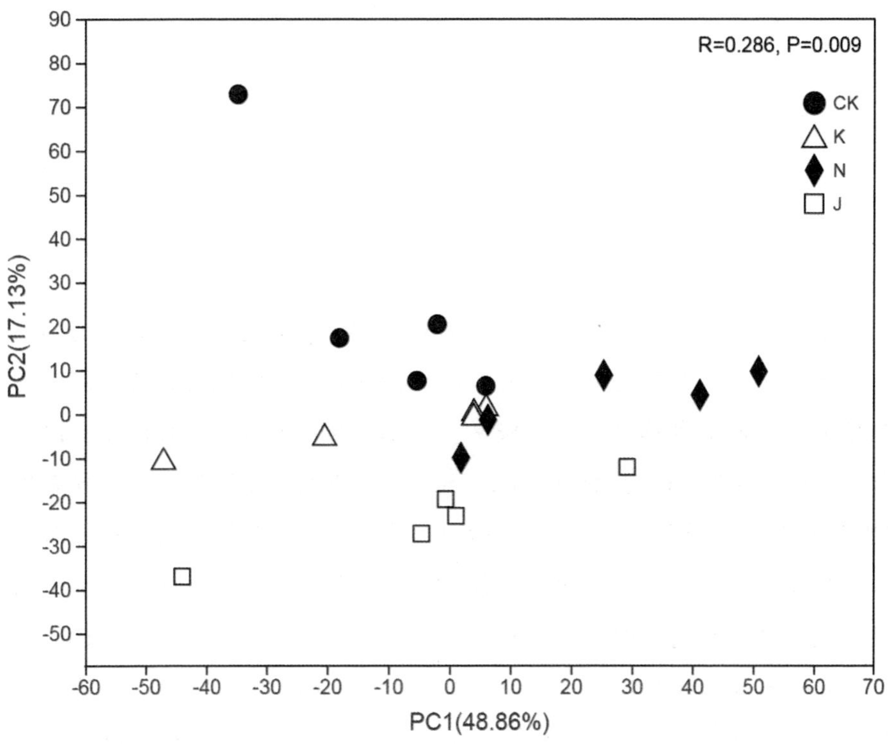

图 4—10 不同烤烟品种根际土壤细菌群落主成分分析(PCA)

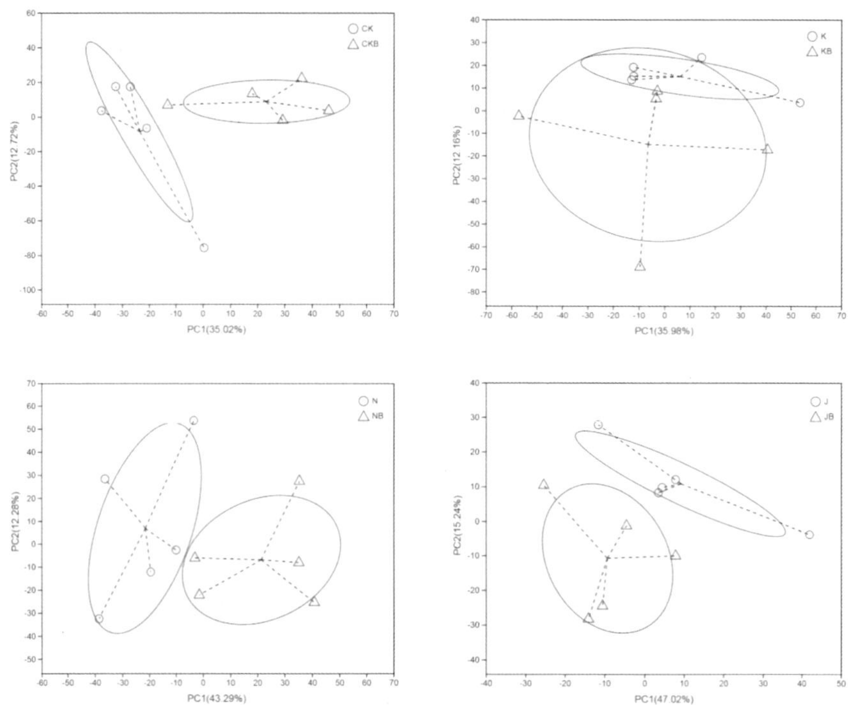

图 4－11　生物炭对烤烟品种根际土壤细菌群落的主成分分析(PCA)

5. 不同烤烟品种根际土壤关键细菌对生物炭输入的响应

鉴于土壤中微生物的数量之多，丰度差别之大，因此有必要明确生物炭输入对不同品种烟草根际土壤微生物的影响。以 LDA 值在 3.0 以上作为 LDA 判别分析的阈值进行 LefSe 分析，以明确不同处理的差异微生物以及它们在不同分组中的富集情况。图 4－12－A 是不同品种烟草根际土壤中关键微生物的多级物种层次树图，其中在未植烟对照土壤中高度富集的微生物有：索氏菌科(Solirubrobacteraceae)，链霉菌科(Streptosporangiaceae)，绿弯菌门(Chloroflexi)及其下属的目科；在 K326 根际土壤中高度富集的微生物有：放线菌纲(Actinobacteria)，鞘氨醇单胞菌属(Sphingomonas)，微杆菌科(Microbacteriaceae)，绿硫菌目(Chloroflexales)，壤霉菌属(Agromyces)；在 NC82 根际土壤中高度富集的微生物有：芽单胞菌门(Gemmatimonadota)，Blastocatellia 纲及其下属，酸杆菌纲(Acidobacteriae)，全噬菌纲(Holophagae)及其下属；在净叶黄根际土壤中高度富集的微生物有：芽孢杆菌属(Bacillus)，伯克氏菌目(Burkholderiales)，Geminicoccaceae 科，Tistrellales 目，丛毛单胞菌科(Comamonadaceae)，亚硝化菌科(Nitrosomonadaceae)，脱硫杆菌纲(Desulfobacterota)，梭状芽孢杆菌目(Clostridia)，类芽孢杆菌纲(Paenibacillus)。

生物炭的输入影响了不同品种烟草根际土壤关键微生物的种群类别，未植烟土壤组的关键微生物是髌骨细菌门(Patescibacteria)，Patescibacteria 门，Chloroplast 目，脱卤球菌纲(Dehalococcoidia)，Azospirillales 目，黄杆菌科(Xanthobacteraceae)，Azospirillales 目及其下属；K326 根际土壤组的关键微生物是 Gaiellales 目及其下属，酸杆菌纲(Acidobacteriae)，Bryobacter 属，苔藓菌科(Bryobacteraceae)，高温厌氧菌科(Thermoanaerobaculaceae)；NC82 根际土壤组的关键微生物是 Blastocatellales 科，假诺卡氏菌属(Pseudonocardia)，全噬菌纲(HolopHagae)，Aeribacillus 空气芽孢杆菌属，嗜盐菌属(StenotropHobacter)；净叶黄根际土壤组关键微生物无代表性物种分类。以上微生物都在生物炭输入后显著增加且对土壤的生物功能起到重要作用。

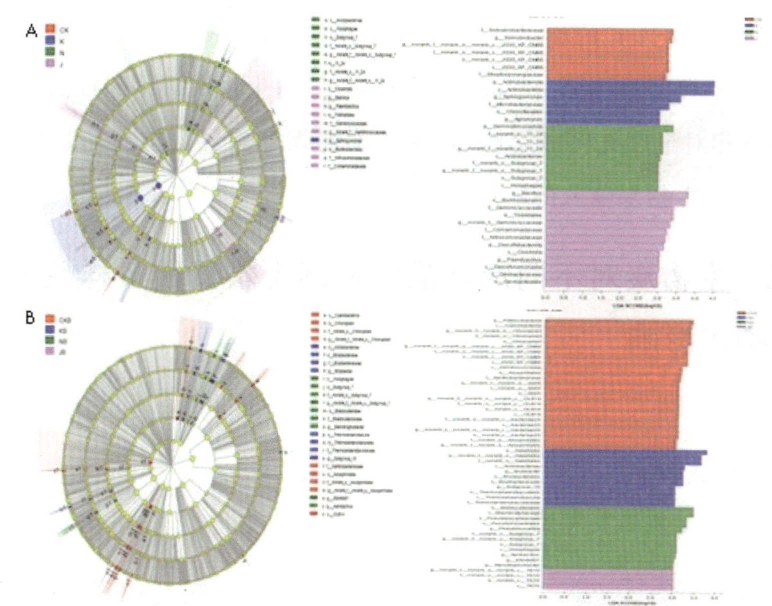

图 4—12　LefSe 分析计算烤烟品种(A)和生物炭(B)对关键微生物的影响

(三)小结

本研究发现不同抗性烤烟品种的根际土细菌多样性存在显著差异，高抗品种 NC82 和高感品种净叶黄的根际土细菌多样性相对较高，中抗品种 K326 相对较低，说明根际微生物的多样性受到品种抗性的影响。

生物炭施入对烤烟根际土细菌多样性影响不明显，高抗品种 NC82 和高感品种净叶黄的根际土细菌多样性相对较高，中抗品种 K326 相对较低，高感和高抗性品种的根际土壤环境中，根际效应较为显著，根际微生物的活性较强，且受到生物炭和品种的双重影响，其多样性变化可能不够显著。蔡秋华等分析比较了黑胫病不同抗性烤烟品种“红花大金元”“云烟－87”和“K326”烟根际土壤微生物功能多样性，认为 AWCD 值与品种抗性无明显相关关系。有报道发现小黄金 1025 感病植株较健康植株根际土壤微生物代谢活性、Shannon 指数和 McIntosh 指数均显著下降。

施用生物炭显著改变了土壤细菌群落结构，这和以往的研究结果有相似之处。本研究发现施用生物炭减少了中抗品种 K326 根际土壤节杆菌属(Arthrobacter)的相对丰度，增加了高抗品种 NC82 和高感品种净叶黄根际土节杆菌属(Arthrobacter)的相对丰度；生物炭对芽孢杆菌属(Bacillus)的相对丰度无明显影响，这说明不同烟草黑胫病抗性品种根际土优势菌属对生物炭输入的响应不同。

三、生物炭对不同烤烟品种根际土壤真菌多样性及群落结构的影响

(一)材料与方法

1. 供试材料

同上一节供试材料部分

2. 试验设计

同上一节试验设计部分

3. 样品采集和测定

样品采集同上一节采集部分，样品用于测定序列的基因为真菌 ITS 基因。

4. 数据处理与分析

真菌 ITS 数据库采用 UNITE 8 数据库比对，其余处理分析同上一节。

(二)结果与分析

1. 脱机数据质控

各样品脱机测序数据结果如表 4—4 所示，除去嵌合体和低质量序列后，有效序列数最小值为 33762 条，最大值为 73670 条，均值为 52121 条，平均序列长度保持在 230～250bp 之间，各样本平均长度为 243bp，通过数据质控获得的有效序列数量充分并且长度分布相对稳定，可以满足基础后续分析的要求。

表 4—4　各样品测序数据结果统计表

样品编号	有效序列数	序列平均长度	最短序列长度	最长序列长度
Sample_name	Effective num	Mean_len	Min_length	Max_length
CK1	54138	243.07	143	520
CK2	55175	247.79	169	525
CK3	59869	246.15	158	525
CK4	53413	245.66	174	525
CK5	48177	246.63	165	530
CKB1	51013	245.79	187	530
CKB2	51964	244.29	169	519
CKB3	42039	244.42	165	525
CKB4	47344	244.53	172	525
CKB5	39712	244.53	172	525
K1	50913	238.86	174	537
K2	35926	244.61	140	537
K3	63033	245.02	142	515
K4	60817	242.19	173	519
K5	73670	236.09	141	525
KB1	50210	245.21	155	528

续表

样品编号	有效序列数	序列平均长度	最短序列长度	最长序列长度
KB2	49255	243.68	148	529
KB3	55251	243.35	158	537
KB4	49798	241.90	173	509
KB5	46067	240.97	142	516
N1	47947	243.40	171	518
N2	54123	243.32	184	525
N3	48080	243.63	153	525
N4	33762	243.55	158	525
N5	62463	240.84	158	521
NB1	57818	239.98	143	524
NB2	60169	240.63	150	526
NB3	58220	242.56	155	525
NB4	42635	244.74	158	525
NB5	54664	241.32	169	536
J1	50467	244.19	166	517
J2	44268	238.66	154	525
J3	55545	240.82	155	525
J4	39584	244.32	154	525
J5	46081	242.12	140	534
JB1	49875	242.87	148	537
JB2	51895	248.30	140	519
JB3	57360	241.68	145	520
JB4	70613	244.06	148	525
JB5	61468	245.74	146	528
Average	52120.52	243.29	157.87	525.1

2.测序曲线分析

土壤样品的测序曲线反映了随机从待测样本中抽取的一定数量的序列与对应的观测 OTU 数量(或相应的多样性指数)之间构建的关系曲线。抽取序列数量越大,OTU 数目(或多样性指数)也越大,倘若达到某一测序量后 OTU 数量不再明显增大,则说明本次测序数据量是足够的。如图 1 所示,不同处理的抽样 OTU 数量在样本 reads 达到 3000 之后基本不再增长,说明抽样测序量足够;各处理的稀释曲线也有变化差异,这也体现了不同样本的物种 OTU 类群相异性(图 4—13)。

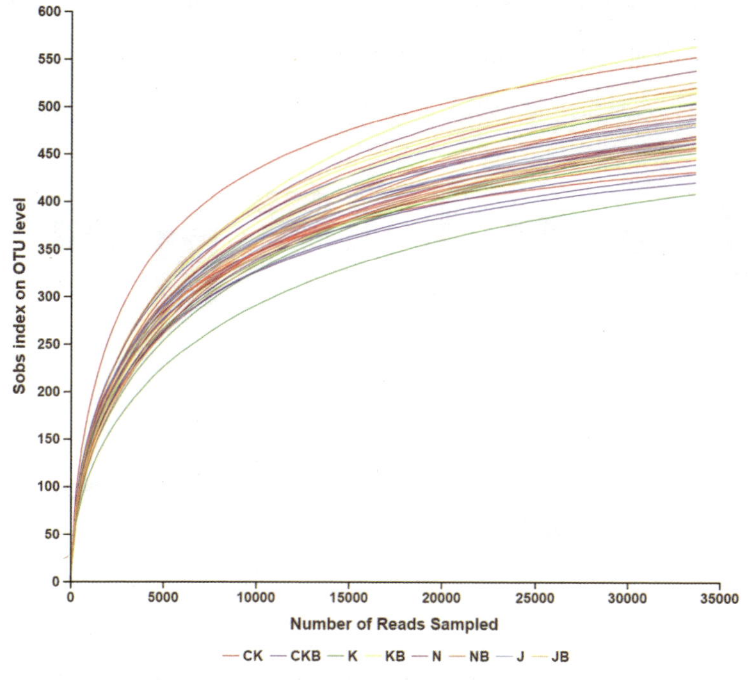

图 4－13　各土壤样本的测序稀释曲线

3. 样品多样性指数

研究环境中微生物的多样性，可以通过单样本的多样性（AlpHa 多样性）分析反映微生物群落的丰富度和多样性，包括一系列统计学分析指数估计环境群落的物种丰度和多样性。各处理土壤真菌多样性指数差异结果如图 4－14 所示，图 4－14－A 与图 4－14－C 分别表示了不同品种烟草根际土壤（不施生物炭与施用生物炭）真菌 Chao 指数的差异显著性检验结果，图 4－14－B 与图 4－14－D 则分别表示了不同品种烟草根际土壤（不施生物炭与施用生物炭）真菌 Shannon 指数的差异显著性检验结果。Chao 指数是反映样本中所含 OTU 数目的指数，Shannon 指数用来反映样本中微生物多样性的指数，Shannon 值越大，说明群落多样性越高。各品种根际土壤真菌 Chao 指数之间无显著性差异，生物炭的输入显著影响了 Chao 指数的大小，其中 K326 和净叶黄处理的 Chao 指数显著高于对照；各品种处理的 Shannon 指数整体低于对照，K326 处理与对照间存在显著性差异，品种间 Shannon 指数：净叶黄＞NC82＞K326，施用生物炭后各处理的 Shannon 指数无显著性差异。

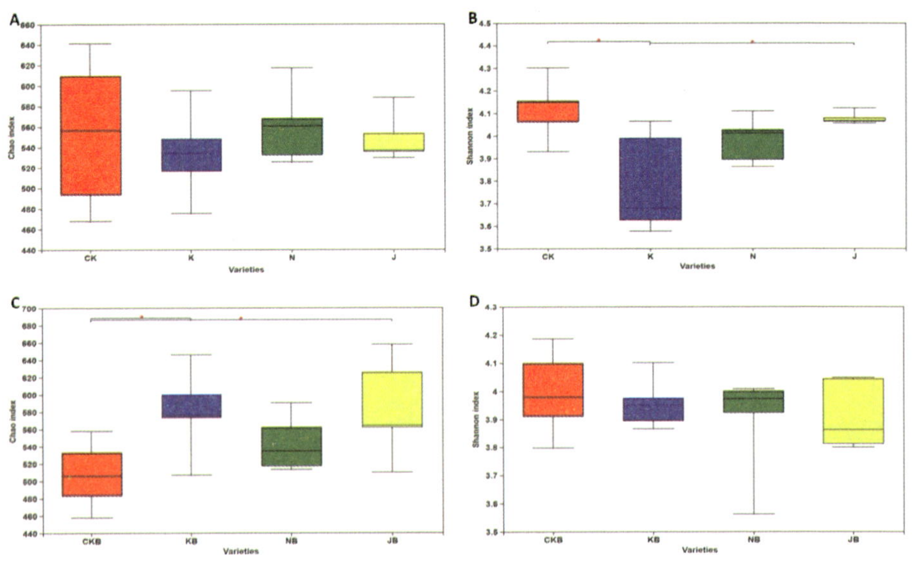

图 4－14 基于 ITS 基因的土壤样本真菌多样性指数

4. 土壤真菌群落组成分析

(1)门水平上优势物种相对丰度

对照及各品种根际土样品的优势菌门有子囊菌门(Ascomycota)、被孢霉门(Mortierellomycota)、担子菌门(Basidiomycota)和壶菌门(Chytridiomycota)，平均丰度之和在 93%以上。同对照相比，K326 处理子囊菌门(Ascomycota)的相对丰度增加了 14.2%，NC82 处理子囊菌门(Ascomycota)的相对丰度减少了 9.64%；K326 处理被孢霉门(Mortierellomycota)的相对丰度较对照减少了 15.85%，NC82 处理被孢霉门(Mortierellomycota)的相对丰度较对照增加了 20.8%；K326 和 NC82 处理担子菌门(Basidiomycota)相对丰度较对照分别降低了 22.56% 和 9.69%，净叶黄处理较对照升高了 21.1%；壶菌门(Chytridiomycota)的相对丰度在各处理间相差不大(图 4－15)。

无论是未植烟土壤，还是不同品种的植烟土壤，生物炭的输入没有改变相关菌群的种类，但丰度占比受到一定影响，NC82 处理子囊菌门(Ascomycota)的相对丰度在各处理中最高，担子菌门(Basidiomycota)的相对丰度表现为净叶黄>K326>CK>NC82，被孢霉门(Mortierellomycota)与壶菌门(Chytridiomycota)的相对丰度在各处理间无明显差别。

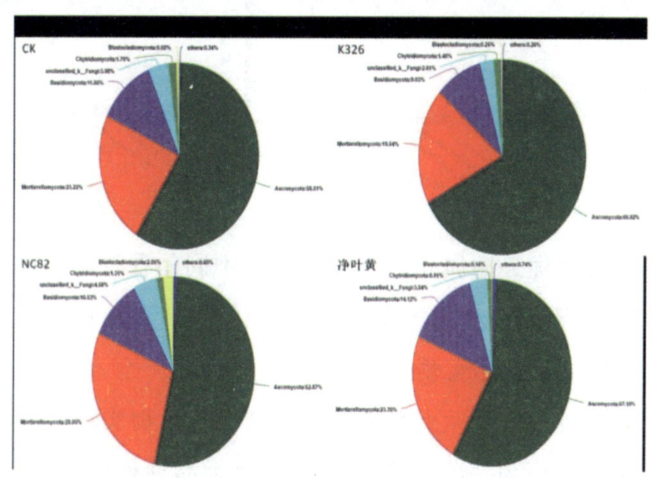

图 4—15　不同品种烟草根际土壤真菌相对丰度(门水平)

(2)属水平上优势物种相对丰度

属水平分类学数据库中比对注释的真菌有 457 种，由图 4—16 可知，被孢霉属(Mortierella)在所有待测样品中的相对丰度最大，占比为 19.52%～28.91%。优势真菌属在不同品种间相对丰度存在差异，被孢霉属(Mortierella)在各处理间大小关系为 NC82(28.05%)>净叶黄(23.29%)>CK(23.18%)>K326(19.52%)；毛壳菌属(Chaetomium)在各处理间大小关系为 CK(9.9%)>NC82(9.62%)>K326(9.6%)>净叶黄(9.34%)，品种间差别低于 1%；Solicoccozyma 属的相对丰度在各处理间保持在 6%～9%之间；Gibellulopsis 属相对丰度在各处理间差异明显，K326(15.12%)>CK(5.49%)>净叶黄(4.92%)>NC82(4.07%)。生物炭的施用显著提高了被孢霉属(Mortierella)、毛壳菌属(Chaetomium)的相对丰度，显著降低了 Gibellulopsis 属的相对丰度。此外，Solicoccozyma 属的相对丰度在 K326 处理中显著高于其他处理，其余菌属的相对丰度在不同处理土壤中差别不显著。

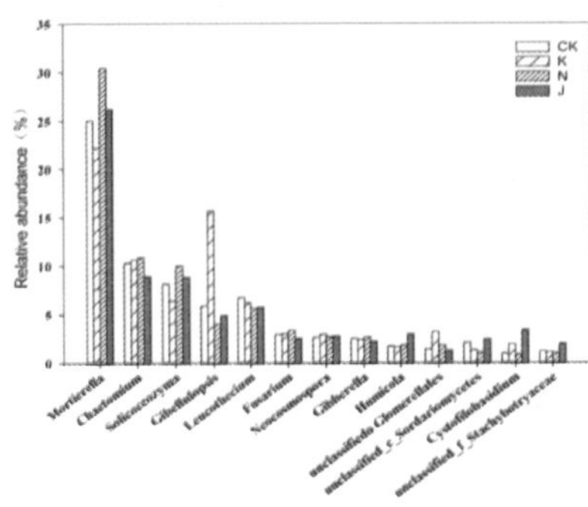

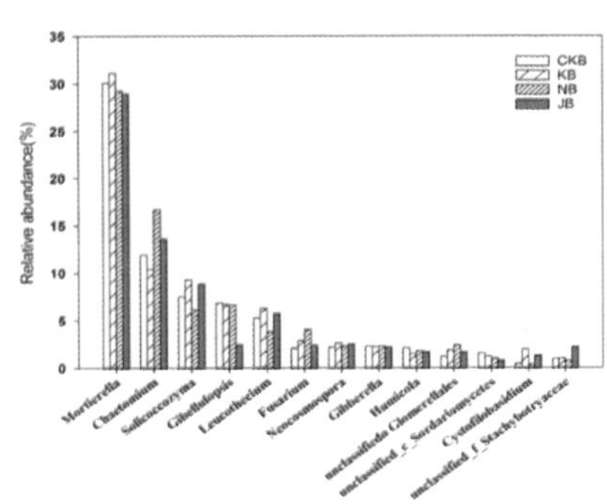

图 4—16　真菌优势菌属相对丰度柱状图不同品种根际土壤(左图)；不同品种根际土壤(施用生物炭)(右图)

5.真菌群落相似性特征

(1)不同烤烟品种根际土壤细菌群落结构对生物炭输入的响应

图 4—17 展示了生物炭的输入对不同烤烟品种种植模式下的根际土壤真菌群落结构差异，不论是未种植烟草的对照土壤组，还是不同品种的根际土壤，生物炭的输入均显著改变了其土壤真菌群落结构特征，总体上呈现出“组内相对聚集，组间相对分离”的特点。对照土壤样本点的组内分离性在 PC1 及 PC2 轴上均有体现，但施用生物炭后其组内聚集性增强且变异主要发生在 PC2 轴正半轴上；植烟土壤真菌群落结构的变化模式与非植烟土壤有很大不同，生物炭的输入反而增加了 K326 和净叶黄根际土壤子样本点的组内变异性，NC82 品种在施用生物炭前后组内样本相对变异大小差别不大，但是分布方式明显发生改变，未施炭组的变异主要由 PC1(35.92%)的相对贡献率来解释，施炭组的变异主要由 PC2(13.69%)的相对贡献率来解释。

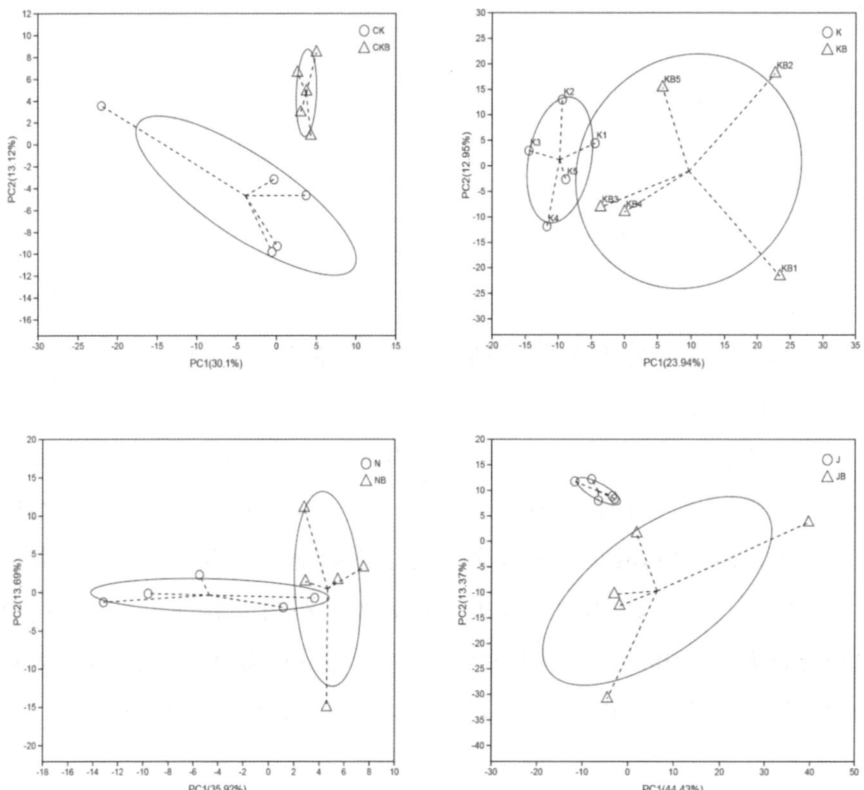

图 4－17　生物炭对烤烟品种根际土壤真菌群落的主成分分析(PCA)

这里进行了基于 OTU 丰度的 NMDS 分析(图 4－18),每个处理组内的 5 个子样本点相对较近地聚拢在一起,同时与其余处理点保持较远距离。从图 4－18－a 可以看出,不同品种的处理样本与对照样本在 NMDS1 轴上明显分开,品种间的样本在 NMDS2 轴上呈现出层次性的分离,其中 NC82 品种的样本点分布特点与 K326 和净叶黄明显不同;施用生物炭改变了根际土微生物的群落结构,K326 组的样本与其他处理明显分开。

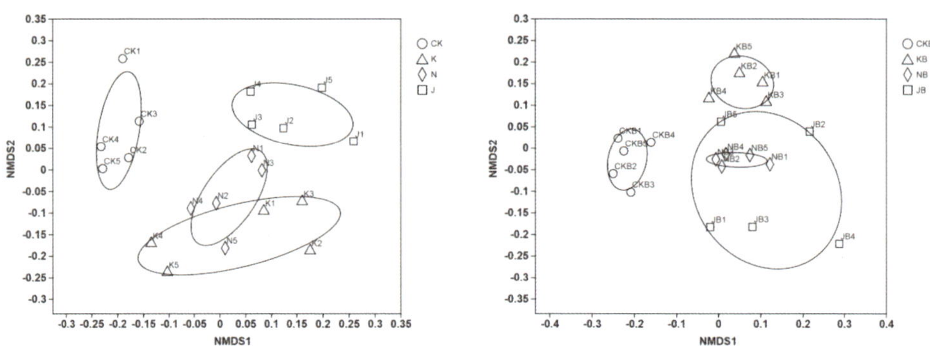

图 4－18　土壤真菌群落相似性非度量多维尺度分析(NMDS)

(2)样本分组分析

为了检验组间的差异是否大于组内差异，这里进行了 ANOSIM 相似性分析来检验分组的显著性。Between 组对应的箱体长度代表了组间差异的相对距离值，其余箱体分别代表了不同处理的组内差异相对距离值。由图 4－19 可知，组间差异大于各处理的组内差异，K326 的组内变异相对较大，CK 和 NC82 的组内变异较小，样本距离分布稳定；施炭处理间的分组具有统计学意义，不同处理间的组内变异性相差不大。

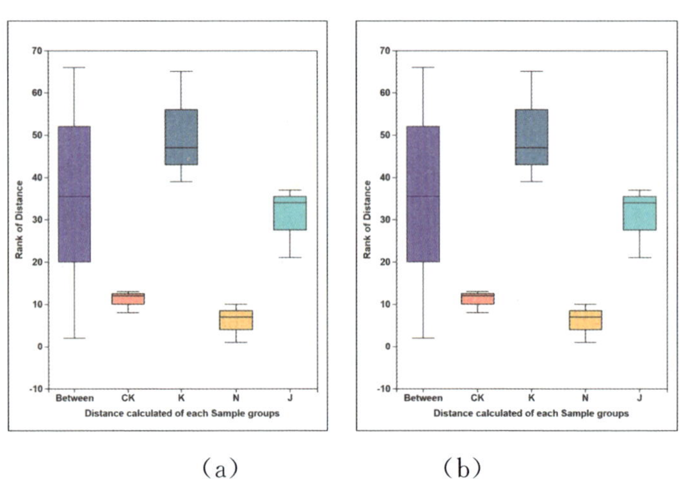

(a)　　　　(b)

图 4－19　样本分组差异分析

6. 关键差异物种分析

CK 组中高度富集的微生物有 Eurotiomycetes 纲、曲霉属(Aspergillus)、肉座菌目(Hypocreales)、壶菌门(Chytridiomycota)及其下属、间座

壳菌目(Coniochaetales)；K326 组中子囊菌门(Ascomycota)、散囊菌目(Eurotiales)、曲霉科(Aspergillaceae)、小丛壳目(Glomerellales)、Paramyrothecium 属高度富集；NC82 组中 Mortierellales 目、被孢霉科(Mortierellaceae)、Mortierellomycetes 纲、金孢子菌属(Chrysosporium)、散囊菌目(Onygenales)高度富集；净叶黄组中高度富集的微生物有小不整球壳属(PlectospHaerella)、Cystofilobasidiales 目、座囊菌纲(Dothideomycetes)、囊藻科(Cystofilobasidiaceae)、Cystofilobasidium 属、分枝孢子菌属(Cladosporium)、枝孢霉科(Cladosporiaceae)、节担菌属(Wallemia)等(图 4—20)。

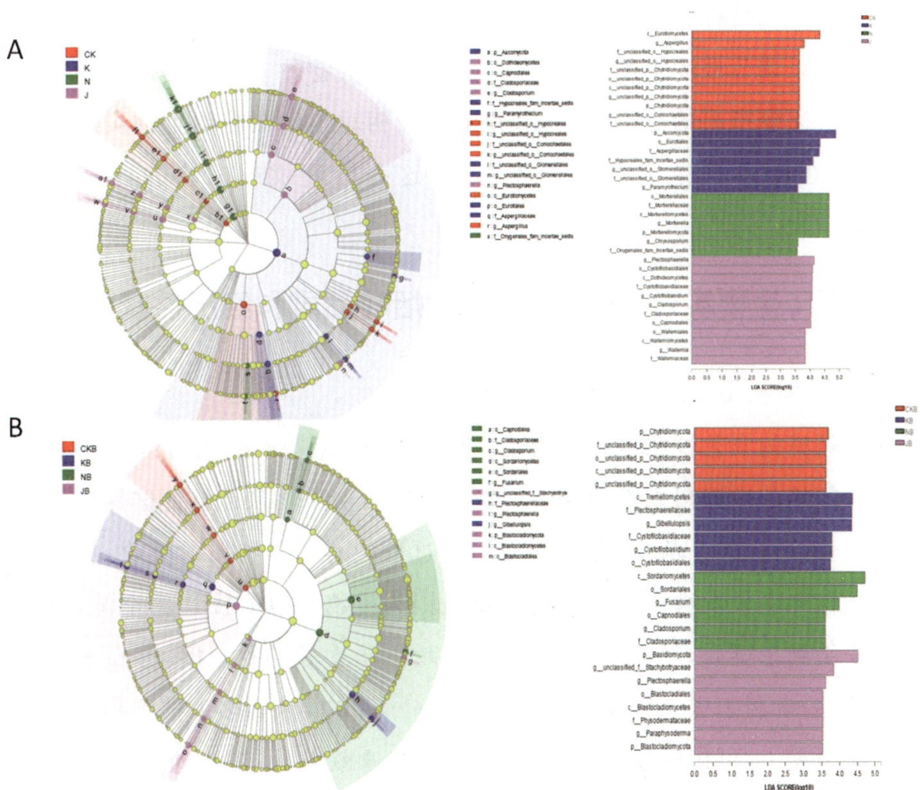

图 4—20　LefSe 分析计算烤烟品种(A)和生物炭(B)对关键微生物的影响

(三)小结

根际土真菌群落结构和多样性在烤烟品种间均存在显著差异，高感品种净叶黄和中抗品种 K326 的根际土真菌多样性相对较高，高抗品种 NC82 相对较低，推测可能是由于高抗性烤烟品种根际土壤的有益菌为主要优势物种，但有害菌丰度较低，土壤微生物的多样性就相应较低。

不同烤烟品种根际土真菌群落结构差异明显，高感品种净叶黄根际土真菌群落结构与中抗品种 K326 和高抗品种 NC82 具有明显的分离效应，烟草黑胫病属真菌性病害，在高感品种的根际土壤环境内，致病性的真菌可能会对整个群落的结构特征起到重要作用，从而影响群落结构的分化。

生物炭的输入对烤烟品种根际土真菌多样性无显著影响，但是明显增加了中抗品种 K326 和高感品种净叶黄根际土的真菌丰富度，说明生物炭可以调节根际土壤微生态环境，促进群落物种丰富度的提升和良性发展。需要指出的是，主要菌门和菌属的相对丰度在施用生物炭后发生变化，但还不确定它们的具体功能，这有待后续的试验进行进一步探究。[①]

四、生物炭对烤烟农艺性状、烟叶品质和经济性状的影响

（一）对农艺性状的影响

烟株的农艺性状可以直观地反映烟株的外观质量，通过外观质量也可以间接的推算出烟株的经济产量。研究表明生物炭能够促进烟株根系的生长，增强根系活力，促进烟株生长过程中对营养物质的吸收，从而促进烟株的生长发育。一方面这主要是因为生物炭具有发达的空隙，施用生物炭到土壤后，降低了土壤的容重，增加了土壤的孔隙度，提高土壤的通透性，有利于根系的呼吸和纵向延伸；另一方面是因为生物炭具有较强的吸附能力，可以吸附和固持土壤中一些速效养分，减少速效养分的淋失，为烟株根部提供更多的养分，促进根部的吸收，促进烟株生长发育。也有研究表明生物炭抑制烟株前期生长，但显著地促进烟株旺长期后的

① 李想. 烤烟品种对生物炭改良土壤的生物学响应[D]. 郑州：河南农业大学，2021.

生长，造成烟叶贪青晚熟。本试验可以从整体的农艺性状上看出，60 天（旺长期）前，施加生物炭处理的烟株生长发育不如对照处理得好，而 60 天后施加生物炭处理的烟株后劲勃发，生长发育开始超过对照处理，这与赵殿峰等研究结果一致。但是也可以明显看到施加生物炭 T3 处理($45t/hm^2$ 生物炭)在整个生长期烟株表现基本上是最差的，而 T1、T2($1.5t/hm^2$ 生物炭、$15t/hm^2$ 生物炭)整体烟株表现较好，T2 处理表现最好，这说明施加生物炭并不是越多越好，当超过一定的量后就对烟株的生长产生抑制作用了，这与刘卉等研究结果一致。这是因为生物炭具有较强的吸附能力，过多的生物炭则会加强生物炭对速效养分的吸附和固持作用，生物炭固持得越多，烟株根部吸收的就越少，导致烟株对养分的需要不能得到补充，从而抑制烟株的生长发育。

(二)对烤后样常规化学成分的影响

烤后烟叶的优劣不仅表现在外观质量上，也表现在内在质量上。烤后烟的常规化学成分含量决定着烟叶的内在质量。优质烟叶中总糖的含量一般在 20%，还原糖的含量一般在 15%，烟碱含量一般在 1.5%～3.5%，其中 2% 为最适宜的含量，氯含量一般在 0.5%～0.8%，钾含量一般在 2%～8% 之间，钾氯比在 4 左右，糖碱比在 6～10。本试验中施加生物炭可以增加烤烟中部叶中总糖、还原糖、氯、钾的含量以及钾氯比、糖碱比，却降低了烟碱的含量，而总糖、还原糖含量以及钾氯比、糖碱比随着生物炭量的增加，呈现出先增加后降低再增加的变化。这是因为生物炭本身含有丰富的有机碳、少部分的钾以及较强的吸附性能，生物炭施用土壤后，本身的有机质可以为烤烟提供营养以及少部分的钾也可以供烤烟吸收来增加烟叶本身的糖含量和钾含量，而较强的吸附性能可能导致生物炭吸附和固持的速效氮不能及时被根部吸收，烟株体内的氮但不到补充，进而烟叶中烟碱的含量下降。综合各处理化学成分可知 T2($15t/hm^2$ 生物炭)处理最适宜。

(三)对烤烟经济性状的影响

烤烟的质量与品质决定着烤烟的经济性状。生物炭作为土壤改良剂加入土壤后改变了土壤的理化特性，也就直接或间接地影响着烤烟的生长发育。本试验施加生物炭对烤烟的经济性状呈现先增长后降低的变化规律，T2（15t/hm^2 生物炭）处理表现最好，T3（45t/hm^2 生物炭）处理表现最差，这说明生物炭过多会对烤烟的生长起到消极作用，抑制烤烟的发育，降低烤烟的经济效益，这与赵满兴和凌天孝等研究结果一致。这是因为生物炭固有的性质使得它适量施入土壤后提高了土壤的肥力，增强了土壤保水保肥的能力，进而促进了烟株的生长发育，而过量施用土壤会降低了土壤中碱解氮、速效磷等的含量，烟株得不到充足的养分，生长发育受到影响，从而降低了烟株的产量产值等。[①]

① 许希希.连续多年施用生物炭对植烟褐土微生态的影响[D].郑州：河南农业大学，2018.

第五章　生物炭在植烟土壤改良中的应用

生物炭在土壤肥力方面的作用，最初是由一个荷兰土壤学家在巴西亚马孙河流域发现的。那里最肥沃的土壤中含有一种当地称之为 terra preta(黑色土)的土壤，因而人们认为生活在巴西亚马孙河流域的土著居民，早在 2000 多年前就知道了利用生物炭改良土壤。现代对生物炭的利用开始于 20 世纪 20 年代，当时西方就有人在园艺上推荐使用木炭。20 世纪 80 年代，日本人开始进行了相关研究。目前生物炭受到重视的原因是它有多重作用；处理废弃物、实现温室气体减排、产生生物质能和土壤改良。

第一节　多年施用生物炭对植烟土壤碳循环的影响

一、土壤有机碳组分

(一)土壤有机碳的化学组分

土壤有机碳由凋落物碳、轻组有机碳、可溶性有机碳、生物量碳和腐殖物质碳组成。

按照 Stevenson(1994)的定义，凋落物碳(litter)是指散落在土壤表面的植物残体(plantresidues)中的有机物组分；混在土壤中的动植物残体为轻组有机碳(light fraction)，包括未分解和正在分解的动植物残体。轻组有机碳可简单分为易分解(decomposable)和难分解(resistant)两部分。可溶性有机碳(dissolved organic carbon，DOC)指可溶于水的、直径<

0.46μm 的有机碳。土壤 DOC 主要由来源于微生物的碳水化合物组成，易于分解和流失。农田土壤中 DOC 的量很低，仅占土壤有机碳的 0.05%左右。在自然土壤，主要是森林土壤中较高，可达表层有机碳含量的 0.25%～2%。土壤生物量碳是指土壤中各种生物体所持有的碳，以微生物量碳为主。可以通过生物化学方法[氯仿熏蒸法(chloroform fumigation)]和显微直接计数法(direct counting)换算测定。但由于绝大部分土壤微生物附着在土壤有机物和矿物表面，化学浸提方法测定的土壤有机碳中已经包括了这一部分。土壤有机质(soil organicmatter)通常称为腐殖物质(humus)，是指除未分解和正在分解的动植物残体和组织以及生物量之外的所有有机碳组分。土壤有机质包括腐殖质(humic substances)和非腐殖物质(nonhumic substances)。腐殖质是有机物质在土壤中通过进一步的化学和生物化学过程形成的一类颜色由黄到黑、分子量较大的有机物质，根据其溶解性，又分为胡敏素，胡敏酸和富里酸等。非腐殖物质是指其化学组成和结构已知的有机化合物，如氨基酸、碳水化合物、脂肪、木质素、纤维素，有机酸.石蜡，树脂等。

(二)土壤有机碳的物理分组

物理分组(physical fractionation)包括团聚体分组、颗粒分组、密度分组以及团聚体一密度联合分组等方式。

团聚体分组(aggregate fractions)通常是利用湿筛法以 250μm 为分界线，将水稳性团聚体分为大团聚体(macro-aggregate)和微团聚体(micro-aggregate)两类。这两类又各分为两种共 4 种：＞2000μm、250～2000μm、53～250μm、＜53μm。

颗粒分组(particulate fractions)是按照颗粒有机物和颗粒态有机—无机复合体大小进行的一种分组方法。一般根据土壤的粒级进行分类：＜2μm 为黏粒组或与黏粒结合的有机碳；2～53μm 为粉粒组或与粉粒结合的有机碳(实际分组中一般将＜53μm 组分放在一起)；53～2000μm 为砂粒组或与砂粒结合的有机碳。

密度分组(density fractions)根据不同形态有机颗粒物的密度不同，

选择密度为 1.6～2.0g/cm^3 的重液对其进行分组的方法。这种方法分离出轻组(light fraction,LF)和重组(heavy fraction,HF)两类有机碳。

这三种土壤有机碳的物理分组方法常常结合起来使用,用于评价土壤有机碳的稳定性、不同管理方式对土壤有机碳库及其相互转化的影响等。

大小不同的团聚体对土壤有机碳保护作用差异很大。大团聚体对土壤有机碳保护的时间较短,在没有外界扰动的情况下可以年计。微团聚体保护的时间较长,一般可达几十年。当腐殖化完成并形成有机—无机复合体后,其保护作用可达千年以上。大团聚体通常是由植物释放的黏性物质和真菌菌丝,将颗粒态有机物、矿质颗粒物和若干微团聚体联结在一起形成的。由于其胶结力较弱,稳定性较差,加上其通透性较好,难以在颗粒态有机物和微生物之间形成物理隔离,因而大团聚体包裹的有机物质容易分解。一般而言,在植物根系释放的黏胶性物质和真菌菌丝作用下,大团聚体容易形成。对不同处理的土壤进行物理分组的研究中常常发现,有机碳较高的土壤,往往大团聚体数量较高,而微团聚体的数量几乎没有差异。这是因为对有机碳具有显著物理保护作用的微团聚体,形成非常稳定的有机—无机复合体等惰性有机碳组分,需要一定的时间。

团聚体对土壤有机碳的保护作用常常受到自然和人为扰动活动的影响,其中大团聚体更易在扰动下解体。自然对土壤的扰动活动包括干湿交替,冻融交替、土壤动物的扰动等。在农田土壤,除自然扰动因素之外,还有施肥,灌水,耕作以及其他田间管理活动等的扰动。由于更多的扰动发生在农田土壤,因而力图将土壤有机碳恢复到自然土壤的水平将是十分困难的,尽管初级生产力较高。

(三)基于有机物分解动力学的分组

不同化学或物理组分的土壤有机碳的周转期差异很大。从化学组分上来看,植物残体中有易分解组分(labile fraction),主要由细胞质中的代谢产物组成,包括单糖和多糖,氨基酸、多肽和蛋白质,脂类,核酸类等,其周转期仅有 2 个月左右;难分解的残体组分(recalcitrant fraction),主要由纤维素，半纤维素，木质素，石蜡类物质等组成，周转期为 3.3 年。微生物量碳的周转期为 2.4 年，受团粒结构保护的有机碳，其周转期为数十年；而生物化学稳定态的腐殖质，周转期为数千年。因而，根据土壤有机碳组分分解动力学差异进行分组，对利用数学模拟的方法估算土壤固碳，预测固碳潜力，具有十分重要的意义。这种分组也是利用数学建模，对有机碳进行动态分析和预测的重要基础工作。

例如，洛桑试验站碳模型 RothC 将植物残体分解为两个组分：易分解组分（decomposable plant materials）和难分解组分（resistant plant materials）；同时将土壤有机质看作一个碳库：土壤惰性有机碳库（inertorganic matter）；此外，还有微生物生物碳这个过渡性碳库。

与 RothC 模型相比，Century 模型对土壤碳库划分得更细一些。除了将植物残体分为地表和土中两个组分之外，将土壤有机碳库进一步区分为活性碳库（active C pool），包括代谢产物和微生物量碳；慢库（slow soil carbon pool），包括微生物细胞壁和代谢产物、微团聚体碳等；以及惰性库（passive soil C pool），包括腐殖质和与黏粒结合态碳。

二、土壤中的碳循环

碳在土壤中主要以有机质的形态存在，在富含碳酸盐矿物的土壤中，无机碳的含量也占据了相当大的一部分。土壤有机碳是构成土壤有机质的主体部分，在土壤有机质含量的测定中，则直接以有机碳的含量乘以一个校正系数来代替，二者的表述没有实质性的区别。土壤有机碳的活性差别很大，受土壤有机质分子结构、元素组成，形成的时间，以及与无机矿物结合状况的影响较大。有机碳在土壤中停留的时间差别很大，长者可达几百年至数千年，短者仅仅几个月便可分解完全。由于土壤有机碳直接参与生物地球化学的碳循环，在循环过程中充当“碳储存库”的作用，停留的时间越长，对减缓大气中二氧化碳浓度上升意义越重要。即使是动态的碳循环，维持土壤有机碳在较高的水平，即保持土壤“碳储存库”的总量在较大的水平下，对降低大气二氧化碳浓度也有巨大贡献。据估计，全球陆地土壤碳库总量约为1300～2000Gt(1Gt＝10^{15}g)，是全球大气碳库的两倍多，并且还有上升的空间。因此，探讨土壤碳循环对全球环境具有重要的意义。

(一)土壤有机碳的形态

土壤碳的赋存形态与其在土壤中的稳定性有很大关系，它们既影响到土壤子系统与其他子系统之间的物质转移，调节物质和能量交换，又与大气环境温室效应有直接的联系。此外，探讨土壤碳的形态对理解土壤组成结构也有重要意义。

1. 土壤有机碳的固体形态

通常，土壤有机碳的固体形态是以游离态或结合态的颗粒密度大小来区分的，分为以有机质为主的粗颗粒和以有机质—土壤矿物结合态为主的细颗粒两类。由于密度有差别，二者的区分是以一定比重的重液来完成的，利用重液将二者分为轻组有机碳(有机质粗颗粒)和重组有机碳(有机质与土壤矿物紧密结合的细颗粒)。水热等环境对二者在土壤中的含量有直接影响，热带地区，雨水充沛，生物量高，进入土壤中的有机残落物量大，提供的有机物质总量丰富；土壤微生物的活动也更加活跃，一方面能将有机物质分解，形成最终的简单无机物质，另一方面合成土壤腐殖质的量也会相应增加，导致土壤中轻组有机碳比例上升。调查结果显示，热带土壤中残落粗有机质和颗粒状的有机质占土壤有机质总量的20％～30％，而温带土壤中所占总有机质的比例低得多。

将土壤中固体有机碳分为轻组和重组两种形态对于理解土壤碳库的“汇”与“源”具有支持作用。一般认为轻组有机碳游离程度高，与无机矿物结合得少，在土壤中容易分解，稳定性差；重组有机碳是有机质与无机黏粒紧密结合的产物，土壤化学中亦称有机—无机复合体，该复合体密度大，因受土壤矿物的保护难以被土壤微生物分解，所以稳定性好。外源的残落物进入土壤后，受微生物的作用大部分分解为二氧化碳，水、无机氮磷等简单无机物；一部分分解为颗粒状的轻组有机碳，这部分有机碳稳定性差，有可能继续分解，在构成土壤有机碳的过程中只是一个“匆匆的过客”。尽管如此，轻组有机碳对提高土壤碳库总量、改善土壤结构、提高土壤肥力等方面具有巨大作用。还有一部分残落物经微生物的分解、再合成，并与土壤黏粒矿物复合，形成重组有机碳，由于重组有机碳性质不活泼，是土壤中稳定的碳库。如果将一定区域土壤中有机碳作为一个整体来考察，外源有机物质进入土壤中最后形成轻组有机碳和重组有机碳的总量超过了二者分解的总量，则土壤有机碳含量就会升高，土壤有机碳库对其他环境子系统而言就是“碳汇”，对缓解大气温室效应具有支持作用；否则土壤有机碳库就是“碳源”，提高了大气中二氧化碳的浓度。基于此，一般认为，提高土壤中有机碳的总量，使土壤碳库变成“汇”而非“源”，不论在土壤学领域或在环境学领域，都具有积极的意义。

2. 土壤有机碳的生物形态

土壤有机碳的生物形态是指土壤微生物体包含的碳，一般不包括动物体及土壤中的植物活体，这一点从微生物碳的研究方面可以得到证实。研究微生物碳要选用新鲜的土壤，去除植物根茎叶、土壤新生体、土壤动物等后，在可抽真空的干燥器中用氯仿熏蒸处理，新鲜的微生物残体立即用硫酸钾分散提取，然后用总有机碳的测定方法测定。目前土壤微生物碳的研究是一个很活跃的领域，受到环境科学、农学、生态学等多个领域研究者的关注，主要是微生物碳本身就是一个活动的碳库，同时微生物碳含量的高低又是对土壤中有机质含量的丰缺、土壤温度、湿度、土壤污染状况等条件的综合反映，当其中的任一条件改变，必然会影响到微生物种群与数量的变化，进而影响了土壤微生物碳总量的改变。调查结果显示，土壤微生物碳总量（以 C 计）一般为 0.1～0.4kg/m^2，占土壤有机碳的 0.5%～4.6%，地区差异性比较明显。北方黑土地区土壤耕作层中微生物碳量为 130～240mg/kg，红壤区微生物碳总量在 130～240mg/kg，而水稻田介于 91～917mg/kg。有研究者建议，土壤碳的生物有效性指标可用土壤微生物碳总量与土壤有机碳量的比值来衡量。

3. 土壤有机碳的溶解态

溶解性土壤有机碳（DOC）是指能溶解于水中的有机质所包含碳，它是土壤水中的重要物质，移动性很大。当发生地表径流时，DOC很容易随着水分的流动而转移进入水体中，由于DOC中可能还含有氮、磷等元素，进入水体后不仅增加水体中总有机碳（TOC）含量，而且增加氮、磷等元素的含量，对水体富营养化有直接的促进作用。陆地生态系统中土壤DOC的总量大小有很大差异，受农作物生长发育期、季节变化等影响显著。由此可见，DOC可能有一部分来自作物根系分泌物以及土壤有机物的分解产物，因为作物不同的生长发育时期根系分泌有机物的能力不同，季节变化明显影响土壤微生物的活性，进而影响到对有机质的分解能力。显然，土壤水分含量对DOC的产生起决定性作用，干燥的土壤环境，很难形成DOC。此外，研究发现DOC的含量还与土壤溶解铝的浓度以及单核铝和多核铝的比值高度相关，络合、螯合机制是否在此过程中发挥作用有待进一步证实。关于土壤DOC的表征，样品的提取是关键，通过适宜的提取剂将DOC全部转移到一定体积的溶液中，采用水体中TOC的测定方法很容易分析测定。

（二）土壤有机碳的活性

土壤碳的活性是指土壤碳转移能力的强弱、微生物分解的难易、农作物可利用其中营养成分的多寡等。一般认为，土壤活性有机碳是指在土壤中移动性较大，稳定性较差、容易矿化的那部分有机碳素。从外界环境来讲，它们受植物、微生物、土壤条件等影响强烈；从自身来说，与有机碳的结构，形态、土体中所处的空间位置等有关。基于此，易溶于水的有机物质、微生物体包含的有机物、轻组有机碳等部分或全部属于土壤活性有机碳。而土壤中含量很大的重组有机碳（也称土壤无机－有机复合体）不属于土壤活性有机碳的范畴。理解这些概念的内涵和外延对探讨研究土壤有机碳的环境效应很有帮助。

在研究土壤有机碳领域中还有两个重要的指标，即有机质的氧化稳定性和氧化移动度，前者是指难氧化有机质与易氧化有机质的比值，后者用易氧化有机碳与残余碳的比值来度量。显然二者有相关性，但有机质氧化的难易标准用什么来衡量，这对比值的结果及活性有机碳变化的趋势有直接的影响。化学分析的方法速度快，适合处理大量的土壤样品，但用何种强度的氧化剂来氧化土壤总有机碳所得到的结果才与土壤易氧化有机质的概念很好地吻合？这需要大量的实验验证。最后，研究者趋向于认为 1/3mmol/L 的高锰酸钾可以氧化的这一部分有机碳与易氧化有机质相关性好，在定量测定中比较方便，用此测定结果与残余有机碳（质）的比值作为土壤碳的氧化移动度的标准，为土壤有机碳移动性的研究提供了很好的量化平台。

(三)土壤有机碳的合成

如果将土壤有机碳库作为一个整体来看，那么这个碳库始终处于动态变化之中，也就是外界的有机物质不断输入土壤中，经过多级分解、合成等过程，产生新的土壤有机碳；同时土壤有机碳也不断地分解，使原有的有机碳含量逐渐降低。如果将有机碳的合成当成输入过程，有机碳的分解当成输出过程，则输入大于输出时，土壤有机碳的含量就会增加，反之则降低，土壤有机碳一直处于不断合成，不断分解的状态，周而复始，不停地循环。

土壤有机碳合成的物质基础主体部分是通过各种途径输入土壤中动物残体、植物根茎叶、有机肥料等，这些有机物质需要经过微生物分解之后才有可能形成土壤有机碳的一部分。输入的有机物生物学稳定性差别很大，一般认为与 C/N 比和 C/P 比有关，C/N 比和 C/P 比值越低，越容易分解，这主要是因为输入有机物中 N，P 含量提高，决定着物质的种类和结构。蛋白质类，磷脂类、生物碱类等 N，P 含量较高，微生物分解时不仅能提供能量，也能提供碳源和氮磷源，较易分解；而复杂的有机物如木质素、果胶、蜡质等，N、P 含量很低，缩合度又很高，较难被微生物分解，因此稳定性较好，分解的速度很慢。输入土壤中的各种有机物质，经微生物分解后，碳素大部分以 CO_2 的形式释放到土壤中，小部分进入微生物体内，构成微生物碳，另一小部分通过不同的途径，聚合成土壤有机碳；氮素、磷素分解成简单的无机物，超过微生物需要的部分释放到土壤中，为植物生长提供养分，还有一些聚合成土壤有机质的组成单元。

土壤微生物所占的比例很小，但在物质循环中却扮演着重要的角色，很大程度上决定着有机物质转化的速率。从土壤有机碳或有机质测定的角度看，它们属于土壤有机质的范畴。但当这些微生物的生命周期结束后，与输入土壤中的其他有机物质没有本质的区别，还必须经过其他微生物的再分解、合成等过程。推测起来，再转化形成土壤有机碳机理与输入土壤中的类似有机物应该相似。

总之，输入土壤中不同有机物质仅有一小部分形成了土壤有机碳或土壤有机质，包括简单有机碳、轻组有机碳和重组有机碳。形成的机制目前还不太清楚，但从结果来看，如果外源有机物质输入的量较大，对比发现确实增加了土壤有机碳的含量，尤其是重组有机碳的总量。土壤有机碳的结构，虽然可以通过现代仪器表征的结果推测出来，但由于分子量大小不同，复杂程度很大，不能代表全部有机碳的结构。

(四)土壤有机碳的分解

不同形态的有机碳稳定性不同，在土壤中停留的时间差别很大。据推测，稳定性最强的有机—无机复合体在土壤中能停留 3000 年以上，但新生成的腐殖质在 10 年甚至更短的时间便可分解完全，新生成的轻组有机碳分解的速度更快。有机碳的分解既与本身结构和结合状态有关，也受环境条件的影响，即内因外因同时起作用。从内因来讲，有机碳分子缩合程度高、分子量大、游离程度低、C/N 比高的物质分解较难；相反，有机碳分子量小，水溶性大、游离程度高、C/N 比低的物质很容易分解。土壤中复杂的腐殖质稳定性较好，分解速度缓慢，但富里酸、胡敏酸比胡敏素容易分解得多，除了分子量有差距外，主要是因为胡敏素与无机黏粒紧紧地结合，受到无机矿物的保护，微生物难以利用。从外因上来说，微生物是土壤有机碳分解的主要执行者，化学降解、光化学降解等对土壤有机碳而言只占很少一部分。因此，凡能改变微生物活性的外界因素均对土壤有机碳的分解产生促进或抑制作用。

土壤有机碳的合成与转化受多种因素影响，但总体而言，输入土壤中的有机物质的结构和化学组成、土壤水分条件、土壤温度、质地、孔隙度、酸碱度等影响较大,人们也比较关注。

1. 输入土壤中有机物质的结构和组成

有机物质不同,在土壤中分解转化的速率也各异。一般而言,幼嫩的植株和木质素含量低的植物残体分解的速度较快,木质素、纤维素等含量高、聚合度高的植物残体分解速度较慢。事实表明,进入土壤中幼嫩的植物叶片、果蔬废弃物等在条件适宜时很快就被土壤微生物分解,主要是其中的木质素含量低;相反,以木质素、纤维素为主的木本植物的茎秆、小麦秸秆等在相同的条件下需要几个月才能分解。对同一类型的植物残体而言,稻草茎秤分解的研究结果表明 CO_2 的释放量与碳水化合物的含量、稻草的 C/N 比及木质素的含量有关。

进入土壤中植物残体类型不同,物质的组成结构各异,差别更大。我国学者林心熊等在研究苏南地区 13 种植物残体分解速率与化学成分之间的关系中得出的结果证实,植物残体分解后的残留碳量与木质素百分含量关系密切,C/N 比及水溶性物质含量影响似乎较小,土壤环境中的氮素可能参与了微生物分解代谢过程。

黄耀等研究了四种有机物料分解速率与组成机构的相关性,他们将分解的湿热条件控制在一定值,结果发现 CO_2 的释放量不同,总体趋势是小麦,水稻秸秆的释放量大于根的释放量。依此认为,植物残体分解转化时 C/N 比是一个重要的影响因素,但不是唯一的因素,其他组分还起着协调的作用。

2. 土壤水分

土壤微生物是有机氮分解的主体,一般农作物生长的最佳含水量通常量的 50%～70%,此时土壤水吸力在 0.5～2 范围内。作物生长的最佳含水量通常认为也是微生物分解能力最强的条件,随着土壤含水量的降低,CO_2 的释放量逐渐降低,当土壤水分含量占田间持水量的 5%～10%时,水分严重缺乏,微生物活动缓慢,CO_2 产生量很小;水分含量增加时,CO_2 产生量也趋向于减少,主要是土壤供氧量不足,无法满足微生物分解的需求。从供氧量角度考虑,同一土壤在水田条件下有机碳的分解速率低于旱田条件。

3. 土壤温度

土壤微生物活动最适宜的温度在25℃～35℃，温度过高或过低会不同程度地抑制微生物的活性，分离纯化后的土壤微生物扩增要求的温度条件一般都在这个范围内。土壤在水田条件下土壤有机质分解的速率似乎与环境温度有关，随着年均温度的增加而增加，随季节的改变而变化。这种条件下，水分供应充足，温度在微生物分解过程中起决定作用。但对于旱地土壤，温度和降雨共同决定着微生物分解的强度。

土壤有机质为微生物分解提供营养源，从这个角度来考虑，有机物质输入土壤的初期，营养供应充足，此时营养物不是微生物分解的限制性因素，相反水热条件为主要的限制性因素。随着有机物质的不断分解，营养源不断减少，物质供应成为微生物活动的限制性因素，因此随着培养时间的延长，温度对有机物质分解速率的影响越来越小，土壤培养试验的结果也与该结论吻合。

4. 土壤质地和孔隙度

土壤质地由砂土逐渐过渡到黏土，土壤孔隙度则由大逐渐变小，在有机质、土壤母质相同的条件下，二者几乎是从不同角度说明同一个问题，即土壤的砂粒、粉砂粒、黏粒含量的变化状况。土壤黏粒含量达到30%时，土质很黏，孔隙度很小。由于黏粒能够与分解新生成的腐殖质或分解产物结合形成有机—无机复合体，有机物受到无机矿物的保护，难以较快分解。黏粒含量高，土壤孔隙度小，土壤通气透水性也较差，抑制了微生物的活性。所以质地黏、孔隙度小的土壤有机物分解缓慢。

5. 土壤酸碱度

土壤的pH值影响了微生物的生长和种族的繁衍，在强酸性土壤中，细菌和放线菌的活性受到了抑制，仅有真菌不受影响。而细菌是土壤有机物的重要分解者，所以强酸性土壤中的有机质分解速率会大大降低。强碱条件下，微生物均具有极高的活性，此时土壤有机质的溶解、分散，水解等作用增强，增大了与微生物“接触”的机会，提高了微生物的分解效率。

通常,定量描述土壤有机碳转化的指标有两个,一是土壤碳的更新周期,二是半衰期或平均驻留期。前者是衡量土壤碳活动性的时间标尺,后者是土壤碳活性强弱的指标。一般来说,易分解有机质的更新周期为10～15年,难分解有机质的更新周期可达1000年甚至更长。农业土壤植物起源的有机质平均半衰期为19年,而轻组有机质半衰期小于10年。

(五)土壤有机碳的迁移、流失

土壤当中的有机碳一般情况下会受到迁移、分解矿化以及流失三种方式的影响而受到损害。其中,有机碳的迁移以及有机碳的流失很大程度上是通过有机碳的扩散、土壤的侵蚀以及对流等方式完成。而有机碳的分解矿化大部分是土壤当中的有机碳进行了物理、生物以及化学等方式的降解而完成,三种降解方式中,最重要的是生物降解方式。综合分析当下的有机碳研究成果,可以发现研究有机碳矿化是主要方向。

土壤表层到土壤下面20cm的地方是有机碳聚集的地方,同时,这一地方也非常容易受到风蚀侵害和水蚀侵害。研究结果显示土壤有机碳的损失有一半是因为人为活动,人为活动在一定程度上加大了土壤受侵蚀的速度,土壤当中的有机碳正在以更快的速度流失。同时,研究也表明,如果没有人类活动进行不良干预,那么,土壤不仅不会受到破坏,土壤反而可能在这种情况下完成更新。

1.土壤有机碳的扩散

土壤当中的有机碳扩散一般情况下受到三个原因的影响:首先,生物作用原因。土壤当中有很多微生物的活动,在微生物流通运动的过程中,有机碳就会扩散和迁移;其次,化学作用原因,有机碳在土壤当中本身就存在吸附、降解以及交换等等行为;最后,物理作用原因,有一些有机碳可溶于溶液当中,所以,可能会跟水溶液的移动而移动。土壤表层存在很多微生物,所以,通常情况下土壤表层有机碳的扩散会相对严重,越往深层有机碳的扩散越小。

2. 土壤有机碳的风蚀

土壤风蚀指的是在大风的作用下，土壤当中较为松散的部分被吹起、被搬运到其他地方或者被聚集在一起堆积起来的过程。在风力的侵蚀下，土壤可能会被卷起来搬运到其他的空间当中。也就是说，风力可以对土壤进行空间方面的再分配。在这一过程中，土壤当中的有机碳就会在空间当中重新扩散、重新分布，有机碳当中的一部分也会以二氧化碳的方式释放到空气当中　风力侵蚀会导致土壤表层当中的有机质流失，也会对地表表层产生破坏，土壤当中包含的有机碳数量会急剧下降。而且，土壤结构会受到不良破坏。在这样的情况下，土壤当中留下来的有机碳也会快速分解，土壤肥力就会有所降低。因为风蚀导致的土壤有机碳数量降低速度是正常氧化降低速度的 18 倍。

对沙化草地进行研究发现，土地被开垦三年之后，受到的土壤风蚀侵害情况严重，土壤表层 15cm 左右的土壤当中有机碳数量下降将近四成。在风蚀作用的影响下，土壤当中的细沙和黏粉粒被带走，土壤越来越粗粒化。

研究科尔沁沙地，发现黏粉粒当中包括的有机碳数量是中粗沙当中包括的有机碳数量的 6.7 倍以及极细沙当中包括的有机碳数量的 4.1 倍。同时，研究还发现风蚀会改变土壤的反射率，进而对土壤温度以及土壤湿度产生不良影响。在这样的情况下，剩余土壤当中的有机碳会加速矿化，而且，风蚀破坏了土壤的储水性能，不利于植物水分的保持，也不利于植物养分的利用，土壤整体生产力水平有所降低。如此一来，归还土壤当中有机碳的数量必然也会有所减少，有机物质数量会越来越低。

3. 土壤有机碳的水蚀

土壤水蚀指的是水力破坏土壤以及土壤母质进而引起的土壤分离、土壤沉积或者土壤搬运等情况。我国中东地区，大部分的土壤都受到了水蚀的影响，特别是黄土丘陵区域，每年土壤的厚度都会降低 1.2cm 左右。土壤当中有机碳是通过结合各种有机质和矿物质的方式存在，当土壤受到外在侵害时，其中的粗颗粒也会随之受到破坏。在这样的情况下，有机碳就会释放。当土壤受到水力侵蚀的时候，土壤当中可以溶解在水里当中的有机碳会首先受到冲刷，并且流失。与此同时，土壤当中残留的一些比较轻的掉落物或者植物残骸也会随之流失。其次，土壤表层当中的颗粒也会在水流侵蚀和搬运的过程中流失一些表层土壤的有机碳。所以，整体来看，土壤当中有机碳的存储量会有所减少，表层土壤如果出现了大量流失，那么表层土壤会更大程度地结合亚表层土壤，二者的混合会导致细土壤颗粒向土壤下部移动，土壤当中团聚体的质量会有所降低，土壤的渗透速度会变化，地表径流会有所增大，这种情况下土壤会陷入恶性循环。

4. 土壤侵蚀对土壤有机碳分解矿化的影响

综合目前的研究结果可以发现，人们还没有足够了解土壤侵蚀过程当中有机碳是如何完成分解和转化的。土壤受到侵蚀之后，大概有 70%到 80%的土壤当中的有机质会矿化。除此之外，人们还对河流沉积以及林地等地区的有机碳进行了研究，研究结果证实，相比于森林土壤当中包含的有机碳，河流沉积物当中包含的有机碳明显数量更高，大概高出一半。我国黄土丘陵地区经常出现有机碳聚集的情况，在聚集的泥沙当中有机碳富集比超过了 1，侵蚀强度越强的情况下，有机碳含量越低，二者之间呈现为对数关系。

(六)土壤有机碳的分解矿化

土壤有机碳分解是指有机碳在土壤微生物(包括部分动物)、土壤酶的参与下分解和转化的过程。土壤有机碳分解释放 CO_2 的过程被称为碳矿化，它反映了土壤有机碳从有机物变成无机物 CO_2 的过程。目前，土壤有机碳矿化的研究多是为了确定不同土地利用方式或者大幅度区域的碳汇、减缓土壤温室气体排放、支持区域土壤碳平衡的研究以及研究碳循环及响应环境变化的机理。国内学者对土壤有机碳矿化的研究主要集中于土地利用类型变化的影响，温度、水分、海拔的影响，施肥及碳、氮输入的响应以及红壤中有机碳矿化与土壤湿度关系的影响研究。

三、多年施用生物炭对植烟土壤的影响

前面已经提到，生物炭作为一种新型的土壤改良剂，被越来越多的烟农应用到烟区土壤改良。生物炭本身拥有良好的理化特性，施入土壤后能够改变土壤的理化特性，提高土壤的保水保肥能力，促进烟株的生长发育，提高烤烟的质量和品质，从而增产增益。生物炭多孔的性能够为土壤微生物提供良好的栖息环境，生物炭本身含有的有机质也可以作为土壤微生物的营养物质来源，有利于土壤微生物的生活和习性。生物炭影响微生物的群落结构和功能多样性，微生物的活性或数量增加，其丰度增加，群落结构和功能多样性就越强。然而有关长期施用生物炭改土以及对土壤碳循环影响的研究较少，下面重点探讨这部分内容。①

（一）长期施用生物炭对土壤呼吸的影响

大田烤烟生长季当中，土壤呼吸速率会先呈现增加的趋势，然后呈现降低的趋势。之所以趋势呈现如此的变化，是因为土壤温度因素的影响。烟株还苗期，土壤温度处于较低的水平，这时烟株的根系还不足够强壮，所以，根系以及土壤当中的微生物的呼吸都相对较弱。但是，在慢慢生长起来的过程中，土壤温度也越来越高，烟株的根系也会慢慢地发展壮大，土壤当中的微生物所进行的各种各样的活动也会越来越强烈。可以说，根系和微生物之间彼此应和，它们的发展趋势是一致的。在这样的情况下，土壤整体的呼吸情况将会在八月的时候到达一个最高值。在温度后期逐渐下降之后，根系以及微生物的呼吸活动也会慢慢降低，所以，又呈现出了放缓趋势。

如果在烤烟生长过程当中持续使用生物炭，那么，土壤呼吸情况将会受到较大影响，而且使用量不同的情况下，影响所带来的结果也不同。通过实验，人们发现当使用的生物炭剂量比较低的时候，土壤呼吸速率也相

① 许希希．连续多年施用生物炭对植烟褐土微生态的影响[D]．郑州：河南农业大学，2018．

对较低;如果使用的生物炭剂量比较大,那么土壤呼吸速率也会有较大的提升。但是,研究也发现生物炭的使用剂量和土壤的呼吸速率之间并不是完全的正相关关系或者完全的负相关关系,在不同的区域范围内,二者可能呈现出其他的关系。举例来说,在一定范围内使用生物炭可以减少土壤当中有机碳的排放,但是,如果生物炭的使用超过了范围的限制,那么土壤当中生物炭的排放可能也会有所增高,这在一定程度上对农田的固碳减排产生了不良影响。

施用 5t·ha—1·yr—1 的生物炭较对照处理土壤呼吸速率显著降低了 31.14%。生物炭可以抑制土壤中有机碳的分解,进而降低土壤碳排放。生物炭的施用显著降低了土壤呼吸。当施用量在 30t·hm^{-2} 以下时,土壤呼吸速率随着施用量的增加而降低;当施用量高于 30t·hm^{-2} 时,土壤碳排放量随施入量的增加而增加。0t·hm^{-2}、20t·hm^{-2}、40t·hm^{-2} 生物炭的施用量对土壤碳排放均没有表现出统计学意义上的差异,这与一些研究结果不符。造成这种差异的原因可能源于其土壤质地、气候条件、生物炭材料及用量、栽培措施和试验时间的长短等的差异,需要根的土壤质地、气候条件、生物炭材料及用量、栽培措施和试验时间的长短等的差异,需要根据具体情况做进一步的分析。例如,有研究证明,不同类型的生物炭施入不同质地土壤后对有机碳的负激发效应不同;且不同酸碱性的土壤对生物炭施用的响应也不同,酸性土壤中增施生物炭会显著增加土壤呼吸,而中、碱性土壤中施入生物炭则会降低土壤呼吸。

在不同的时间使用生物炭对土壤呼吸产生的影响也有所不同。在初期,如果在土壤当中放入了一定数量的生物炭,那么,土壤呼吸将会受到有效促进。但是,发展到中期和后期的过程中,如果使用的生物炭数量比较低或者数量适中,那么土壤呼吸不会受到促进,相反,可能会受到抑制。生物炭的使用数量在不同时间显现出了差异是因为有机碳本身就大量地存在于生物炭,在初期的时候,如果土壤能够获得一定数量的生物炭,那么,微生物就可以获得一定数量的有机质,就可以分解有机质,这时,土壤呼吸就会明显加大。但是,在分解的有机碳数量慢慢被消耗之后,土壤呼吸也会有所减弱。与此同时，生物炭当中包含的惰性芳香碳因为没有办法被微生物有效分解、有效利用，所以，会慢慢地变成存在在土壤当中的惰性碳，并且生物炭因为表面积大、孔隙度相对丰富，所以，还能够把土壤的养分充分地包裹起来。在这样的情况下，微生物很难接触到有机碳，所以，也没有办法有效分解有机碳。不仅如此，在使用生物炭之后，土壤团聚体数量也会有所提高，而团聚体的出现又会在一定程度上为有机碳提供一个保护外壳，所以，有机碳更难被分解，这也说明了为什么到中期和后期之后在一定程度上使用生物炭会抑制土壤呼吸。

(二)长期施用生物炭对土壤有机碳组分的影响

生物炭属于有机物料的一种，包含很多碳，在土壤当中加入生物炭之后，土壤的碳含量会有明显的提升，土壤当中的微生物也能够从生物炭当中获取需要的养分。与此同时，土壤本身的孔隙度也会有所增加，更容易形成团聚体，土壤的理化性质也会因此改变，土壤更容易固碳。

相对于没有使用生物炭的土壤，可以发现使用了生物炭的土壤当中包含更多的有机碳。而且使用的生物炭数量越大，土壤当中的有机碳数量增长也越大。研究人员从不同的使用数量角度进行对比分析，发现生物炭数量的增加和土壤当中有机碳数量的增加之间是正比例关系。研究人员以砂姜黑土土壤为例进行了研究，有的土壤当中加入的是生物炭，有的土壤当中加入的是其他物料，最终研究结果是所有的土壤当中有机碳数量都有了一定的提升。通过大量的研究，人们发现因为生物炭当中本就含有很多的有机碳，所以，在土壤当中使用生物炭之后，土壤包含的有机碳数量会有所增加。人们认为，有机碳数量的增加和生物炭当中包含的碳有直接关联。但是，生物炭作为外来的新鲜的添加物添加到土壤当中之后，会导致土壤原有的一些有机碳分解，所以，对原来的有机碳的矿化可能会产生抑制影响。而且，土壤有机碳更容易积累和固存。

土壤微生物生物量碳（简称土壤微生物量碳）指土壤中体积＜$5000\mu m^3$存活的和死亡的微生物体内碳的总和；土壤微生物量碳只占土壤总有机碳1%～4%，但却是土壤养分重要的给源和库存，在土壤碳库中有至关重要的作用1对。在一些试验中，施用生物炭处理土壤微生物量碳含量相较于对照组分别增加了4.95％、3.06％和10.34％，并没有形成显著性差异(P＜0.05)。但不同生育期不同处理间存在显著差异，在施入土壤初期T2处理微生物量碳含量显著低于其他三个处理(P＜0.05)。在施入后期施用生物炭处理土壤微生物量碳含量显著高于对照处理(P＜0.05)。前人关于生物炭施用对土壤微生物量碳含量的影响研究有很多，但结果有很大差异。

研究人员对比了不同生物炭对土壤的影响结果，发现使用花生壳碳的时候，土壤当中微生物量碳含量有了明显增加。但是，烟杆生物炭添加之后，微生物量碳含量有了明显降低。除此之外，研究人员通过其他的对比实验发现在生物炭使用数量加大的情况下，土壤当中微生物量碳含量也有所加大。还有实验证明使用生物炭的情况下，MBC的含量会有所降低，此外也有实验结果表明使用生物炭并不会导致MBC数量出现明显的变化。研究人员推测出现这种结果是因为生物炭当中本来就包括的容易被分解的有机碳和生物炭的固态作用之间相互影响、彼此作用。除此之外，使用的生物炭的材质、使用的具体数量、实验地区的土壤、实验地区的气候条件等因素也会对实验结果产生一定的影响。

土壤可溶性碳有较高的活性，可以直接被微生物利用，而且容易感知土壤生态条件的变化，它对土壤碳循环来讲非常重要。土壤中可溶性碳的含量主要受到微生物吸收活动、微生物分解活动的影响。土壤当中使用生物炭之后，可溶性有机碳含量有了较大的提升。之所以出现这样的结果，可能是因为土壤微生物从加入的生物炭当中获得了碳源，土壤微生物加大了对有机碳的分解活动，所以，土壤当中可溶性有机碳含量有了明显提高。除此之外，还可能是因为生物炭改变了土壤本身的理化性状，土壤当中的作物根茎发展出现了一定的转化。在此前提下，可溶性有机碳含量的增长有所促进。除此之外，在烤烟生长的不同时期，土壤可溶性有机碳的含量也出现了不同的变化，在旺盛期含量最低，可能是因为在旺盛期根系部位的微生物进行了较为频繁的活动，消耗了较多数量的可溶性有机碳。

土壤易氧化有机碳大部分是在动植物残体归还土壤的过程中形成，还有一部分来自土壤有机碳的矿化。可以通过土壤易氧化有机碳含量来分析土壤有机质目前的潜在分解能力水平。所以，对于土壤质量的评判以及农业措施的制定来讲，土壤易氧化有机碳是非常重要的指标。研究发现，在使用生物炭之后，土壤当中包含的易氧化有机碳数量有了明显的提升。而且在不同的生长期当中，数量都明显高于对照组。所以，综合来看，使用生物炭之后，土壤易氧化有机碳含量会有明显提高。而且，分别对紫色土壤、棕壤、黑色土壤进行对比研究之后，发现生物炭的使用也都在一定程度上增加了土壤当中易氧化有机碳的数量。之所以出现上述情况，可能是因为两个原因：首先，生物炭本身就包含一定数量的活性有机碳；其次，生物炭有助于微生物分解有机质，所以，土壤当中会有更多数量的易氧化有机碳。

（三）长期施用生物炭对土壤活性有机碳分配比例的影响

虽然土壤当中的活性有机碳占比很小，但是，它却是主要驱动土壤微生物进行代谢活动的驱动源。它的存在直接影响到农田生态系统的发展情况。在研究活性有机碳的时候，相对于单独研究含量来讲，研究土壤当中活性有机碳占所有有机碳总数的比例更能够有效反映土壤碳库是否稳定、是否有效。所占比例越大，说明土壤越有活性，说明土壤越能够以较快的速度周转养分。

微生物熵可以用来评判微生物固碳能力，也可以用来反映土壤当中有机碳的变化趋势，微生物熵数值越大，有机碳的周转就越快。微生物熵数值越小，土壤越容易将碳储存和积累下来。在烤烟生长的过程中，土壤当中的微生物熵会根据生长周期的变化而变化。从本质上分析，微生物熵受到微生物活动的直接影响。土壤当中的水热因子会对微生物活动产生直接影响，因此，当季节变化对水热因子产生影响，引起水热因子变化时，变化就会影响到微生物活动，进而影响到微生物熵的变化。研究发现，使用生物炭之后，土壤当中的微生物熵数值明显降低。分析具体原因可能是以下两点：首先，使用生物炭之后，土壤酸碱值会有所增加，当土壤酸碱值过大的时候，土壤当中微生物的活性就会受到抑制；其次，生物炭当中有一些是惰性的微生物，没有办法被有效利用，而且生物炭还可以在有机碳周围形成一层物理薄膜，这在一定程度上阻隔了微生物和有机碳之间的联系，微生物没有办法将有机碳有效分解、有效转化。所以，从这个角度来看，生物炭抑制了微生物量碳的周转，并且因为它的惰性非常稳定，所以，这种情况可能会长期存在。

土壤呼吸强度和微生物量碳的比值就是微生物代谢熵。微生物代谢熵可以综合反映土壤微生物呼吸情况变化和土壤微生物生物量的具体变化，它也被叫做生理生态指数。通常情况下，土壤腐熟程度和土壤代谢熵之间呈现速率的关系，研究结果也证明在烤烟生长和发育的过程中，代谢熵先增加，然后慢慢地发展平稳。之所以出现这样的变化，可能是受到温度升高的影响，温度升高，土壤微生物有了更频繁的生物代谢活动。研究结果证实，在使用较多剂量的生物炭的情况下，土壤微生物代谢熵明显增加，而剂量相对较低的情况下，土壤微生物代谢熵明显降低。在生物炭使用数量不同时，微生物能够利用的有机碳数量就存在差异，所以，最终的土壤改良成果就有差异。可能也正是因为这种情况的存在，所以，当使用的生物炭数量不同时，土壤当中微生物代谢熵的数值也出现了较大的差异。综合研究人员的各项研究及成果，可以发现在适当使用生物炭的情况下，土壤对碳的利用效率可以明显提升，土壤的生态效益也能在总体上有所提高。但是，需要注意的一点，代谢熵对土壤当中微生物的活动情况以及土壤当中碳的利用情况只能做一个较为简单、单一的反映，如果想要明确知道使用生物炭的情况下，微生物种群会出现何种程度的数量变化，微生物种群的碳代谢情况会有哪些不同之处，还需要进一步进行分子生物学方面的研究。

DOC/SOC 和 ROC/SOC 是反映土壤碳库动态变化方向的重要指标。有试验结果表明，整个生育期内 DOC/SOC 的动态变化并没有明显规律，相比较下，T2 的波动范围较其他处理大。施用生物炭处理比 CK

分别降低了3.15%、18.76%和17.56%，但各处理间并未表现出显著差异。这说明生物炭施用降低了土壤可溶性有机碳的淋失，有助于土壤碳固持；生物炭本身同时也有高度的化学稳定性，生物有效性低，所以减小了DOC/SOC值。本试验中ROC/SOC值明显远高于土壤DOC/SOC，整个生育期的ROC/SOC值呈先降低再增加的趋势，还苗期和成熟期较高，旺长期较低，各处理ROC/SOC值表现为T1＞CK＞T2＞T3，但处理之间并没有表现出统计学意义上的差异。ROC/SOC值越高，说明土壤活性越大，有机碳周转越快，越不利于土壤碳的积累。有研究人员等关于不同物料对农田生态系统碳收支的影响的研究发现生物炭的施用显著降低了ROC/SOC。说明生物炭降低了土壤有机碳中易氧化态碳的比例，增加了惰性碳的积累，有利于土壤碳固存。

(四)长期施用生物炭对土壤碳库管理指数的影响

1993年，Lefroy提出了土壤碳库管理指数(CPMI)概念，此概念是当下土壤碳库研究方面的研究热点之一，研究者可以通过该指数分析判断土壤碳库的变化趋势。在农田管理过程中，也可以把该指数当成衡量土壤碳库质量的指标。如果土壤碳库管理指数有所提高，那么，将更容易开展土壤培肥工作和土壤保育工作。

通过研究调查，人们发现使用生物炭之后，土壤碳库管理指数以及土壤碳库指数都有了一定程度的增加，而且生物炭使用量越高的情况下，两个指数的增加越明显。后续研究过程中，可以着重深入探究生物炭对碳的矿化以及碳的降解方面的影响，以此来深入判断生物炭在土壤改良方面的具体实效。

第二节　不同粒径生物炭对植烟土壤性状的影响

颗粒物有一个非常重要的物理特性，即粒径大小，会对颗粒物的比表面积与孔结构等表面特征产生影响，从而对颗粒物的吸附能力产生影响。生物炭粒径大小不一样的pH值与元素组成没有很大的区别。但是，同一种颗粒物粒径大小不同时，颗粒物的表面官能数量、比表面积和孔结构有很大的区别，总体上表现出小粒径的颗粒物大于大粒径的颗粒物的总比表面积，小粒径的颗粒物有更发达的孔结构，官能团数量有更多的规律。①

一、不同粒径生物炭对土壤物理特性的影响

从某种意义上来说，土壤的容重能展现土壤的通透性，是一种反映土壤的紧密程度与结构状况的基本物理指标。通常来说，较小堆积密度的土壤结构比较松散，有较好的透气透水性；反之，土壤结构比较紧密的，有较差的透气透水性。从一定程度上来说，把土壤的容重降低有利于改善土壤结构，能把土壤的肥力充分发挥出来。生物炭本身孔多疏松，由于生物炭本身的堆积密度比土壤小，在土壤中施加生物炭以后便能改善土壤结构，降低土壤的容重。

研究发现，所有粒径的生物炭都能把土壤的容重降低，而且生物炭的粒径越小，对土壤的容重降低幅度就越大。整体规律表现为：生物炭的粒径越小，对降低土壤的容重越有利。原因可能是生物炭的粒径越小，生物炭的孔体积和比表面积就越大，和大粒径的生物炭相比，有较强的对微生物与土壤颗粒的吸附能力，能把土壤的可利用空间提高，把土壤的容重降低，加大土壤的微生态和微生物的次级代谢物之间的反应速率，改善土壤的结构。但也有相关研究显示，仅仅施加生物炭有可能无法明显地把土壤的容重降低，这离不开生物炭的施加量。当生物炭的试验量体积比超出十五分之一的时候，土壤的容重明显降低；当施加量不足十五分之一的时候，没有明显变化。这表明，在一定的生物炭施加量条件下，生物炭能把土壤的容重降低。这能解释清楚该试验中为何所有生物炭处理间差异不一样这一问题，如果想对生物炭降低土壤容重时粒径起到的作用有进一步的了解，还应该把粒径不一样的生物炭施加量提高，再深度研究

① 迟杰，邢海文，张海彤.不同粒径生物炭和微塑料共存对非吸附的影响[J].农业环境科学学报，2022(03)：616－621.

验证。

田间持水量指的是土壤的最高含水量可以稳定地保持住，是植物有效水的上限，常用来当作灌水定额的最高指标，该数值能反映出土壤的保水程度，对生产很有帮助。有研究表明，生物炭的粒径组成部分会影响到土壤的化学物理特性，如今主要以土壤的持水性能与导水性带来的影响为主要方向开展研究。试验显示，施加生物炭能明显地把田间的持水量提高，而不同粒径处理对田间持水量的提高程度显示，生物炭的粒径越小，对土壤持水能力的提高越有帮助。原因可能是生物炭的粒径越小，孔隙和比表面积就越大，吸附水分的能力就越强。这一结果接近于颜永豪的试验结果，即颗粒组成中＜20um 占比为 13.71％的苹果树枝生物炭的吸水能力超过了占比为 7.05％的锯末生物炭；体积相同时，苹果树枝是锯末生物炭吸水能力的 2.98 倍。生物炭的持水能力大小由生物炭表面的羧基和羟基等酸性官能团以及孔隙的特征所决定。有研究显示，在土壤中施加生物炭以后，对土壤约束和维持水分能力的大小由添加土壤的主要颗粒粒径大小与生物炭的粒径大小的比值所决定，当比值超过 1 时，生物炭的结构特性会把土壤的颗粒之间的孔隙率和孔隙的联结加大，进一步把土壤的持水能力降低，把土壤的导水能力提高；相反，当比值不足 1 时，生物炭的粒径比土壤的主要粒径小，生物炭颗粒很容易在土壤颗粒的粒间孔隙之间扩散填充，利用自己的孔隙特征和较高的吸附能力，把土壤约束和保持水分的能力提高，进一步把土壤的持水能力提高，把土壤的入渗与导水能力降低。这和本次试验的结果是一样的，即 T4 处理生物炭的颗粒比土壤的主要粒径小，将其添加到土壤中以后，生物炭的微米颗粒会进入到土壤的颗粒之间的孔隙里，把土壤的持水能力提高。

土壤结构基本的单位是土壤团聚体，它的稳定性会对土壤结构的稳定性产生直接的影响，对土壤的水、气、肥和热状况产生影响。一般情况下，对土壤结构的好与坏进行判断，要依据＞0.25mm 团聚体的含量。当＞0.25mm 团聚体的含量越多时，土壤的结构便越稳定，有较高的潜在肥力。本次实验中，所有生物炭的粒径处理明显将团聚体的平均重量直径提高，所有处理>0.25mm团聚体含量位于39.48%至44.09%之间，而且最高的是微米级生物炭（T4），说明它的结构稳定性最好。原因可能是生物炭本身就是一种胶结物质，可以把微土壤的团聚体聚集到一起，凝结为大团聚体，而且表层具备的特殊理化特性就像土壤的黏粒一样，能吸附微生物，有利于形成土壤的团聚体；生物炭的粒径越小，就有越大的比表面积孔体积，吸附能力就越大，越有利于形成土壤的团聚体。还有研究发现，生物炭没有明显的对大团聚体的聚合能力。因为生物炭本身没有较强的分解能力，添加到土壤里以后，无法迅速产生充足的团聚体胶结物质，因此没有明显的对大团聚体的聚合能力。而本次试验中的小粒径生物炭处理，尤其是微米级生物炭（T4）便是利用物理的方法，使得生物炭自身的分解加快；因为生物炭自身就是一种胶结物质，当生物炭的质量相同时，粒径越小，就有越多胶结颗粒，就有越强大的对土壤大团聚体的聚合能力。由此可见，越小粒径的生物炭，改良土壤团粒结构的效果就会越显著，对土壤结构的改善就越有帮助。

二、不同粒径生物炭对土壤养分和微生物的影响

（一）不同粒径生物炭对土壤养分的影响

研究显示，生物炭的粒径不一样，也会影响土壤的速效养分和pH值。在土壤中施加生物炭，明显将土壤的pH值、有效钾、有效磷、DOC和速效氮的含量都提高，其中，土壤的pH值提高了1.49～2.08个单位，有效钾、有效磷、DOC和速效氮分别提高了281.13%～412.39%、10.03%～39.56%、37.50%～113.36%、17.44%～42.77%。除此之外，从土壤的pH值、海鲜菇的有效钾和DOC、有效磷、速效氮的质量分数中可以看出，细小粒径生物炭的处理最高。而从秀珍菇处理的有效钾与土壤DOC质量分数中可以看出，中粒径生物炭的处理最高，由此可知，从提升土壤速效养分和土壤pH的质量分数角度来看，较小粒径的生物炭优于粗粒径的生物炭。

(二)不同粒径生物质炭对土壤酶活性的影响

土壤代谢反应期间,土壤酶是非常重要的参与者,在多种酶促反应下,土壤有机质会把多种植物养分释放出来,土壤酶活性的强与弱,对土壤的养分循环有很大影响。

研究发现,施加生物炭对土壤脲酶、蛋白酶和转化酶的活性都有明显的增强,而且都呈现出细小的粒径处理酶的活性最高的现象。原因有两方面,一方面,可能是由于粒径越小的生物炭有越大的比表面积,使得酶反应底物有越强的附着在生物炭表面的能力,酶的活性也有所提高,再加上粒径小的生物炭自身的孔隙度和较大的比表面积给微生物带来了多尺度的生态位,为土壤的菌群带来了良好的生存环境,所以能激发微生物把更多的酶分泌出来;另一方面,生物炭的分解作用能将养分、土壤氮素的转化提供给土壤,有利于土壤的微生物发育,从而让更多的酶分泌出来。

研究还发现,在土壤中施加生物炭,土壤中磷酸酶的活性会降低,而且细小粒径生物炭中的酶活性是最低的。有两方面原因,一方面,可能是由于细小粒径的生物炭表层有非常发达的多孔结构,能吸附更多的反应底物,会使得营养物质、微生物和酶产生吸附效应与共定位,再加上细小粒径的生物炭表面有非常高的电势,可以吸附大多数的底物与酶,从而把磷酸酶的活性降低;另一方面,施加生物炭既提高对土壤的速效磷,又会抑制磷酸酶的酶促反应。由此可见,生物炭处理对土壤酶活性的影响程度不一样,其中,细小粒径的生物炭比粗大粒径的生物炭的影响程度大得多。

(三)不同粒径生物质炭对土壤细菌多样性和群落组成的影响

细菌群落的多样性指数能把细菌的物种丰度反映出来,研究显示,施加生物炭以后,土壤中微生物的 ACE 与 Chao1 的多样性指数都有了明显的提高,原因可能是生物炭的多孔结构使得微生物的生存环境变得更加多样化,再加上生物炭能利用静电较多地吸附营养物质,使得微生物的食物变得更加多样化,所以,施加生物炭能促进很多微生物的发育和繁殖,将生物的多样性指数提高。研究还显示,粒径较小的生物炭和粒径较粗的生物炭相比，前者能更好地提升微生物的多样性，一方面，原因可能是粒径越小的生物炭，就有越大的比表面，空隙分布非常均匀，使得很多新的吸附位点增加；另一方面，生物炭的粒径越小，越能让微生物吸附大批的营养物质，从而让微生物吞噬和利用养分物质，由此可知，和粒径较粗的生物炭相比，粒径越小的生物炭越能提高细菌群落的多样性。①

三、不同粒径生物炭对土壤收缩特征的影响

在脱水期间，由于承担了很多压力，土壤的容积会随着土壤的含水量减小而减小，容重会持续变大，会呈现干燥收缩的过程。土壤的容积发生变化有两个原因，即水分被排走以后土壤结构的改变以及外来的压力。离心机法测定土壤的收缩特征的时候，利用离心机的运转速度得到设定的压力，而且相对的平衡时间是非常短暂的，所以相关研究利用质量的含水量和比容积的曲线在任意一个点上的斜率大小改进了三直线模型，把土壤的收缩特征曲线分成了三部分，即超正常段、结构段和伪饱和段。超正常段指的是土壤的收缩特征数值在外力影响下大于 1 的收缩段；结构段指的是相接于伪饱和段而且有很高的含水量时，土壤的收缩特征数值比 1 小的收缩段；伪饱和段指的是土壤的收缩段与饱和段接近的时候，土壤不可能彻底处于饱和状态，尤其是田地间的土壤，通常，土壤的收缩段特征的数值和 1 非常接近。

关于土壤的收缩特征，有研究人员对生物炭的不一样的施加量和不一样的粒径产生的影响进行了研究，结果显示，三直线模型和实际测定的数据有很强的相关性，当相关系数比 0.96 大的时候，说明土壤中施加了生物炭之后的收缩特征，能利用三直线的模型加以描述。以测定中的压力值为依据展开分析，可以发现，压力范围为 0～10kPa 是伪饱和段，对照处理的伪饱和段的收缩特征数值几乎是 1，伪饱和段的收缩特征数值随着生物炭含量的变大而减少，有明显的变化差异，土壤的容积变化比水分

① 李光炫，石岸，张黎明.不同粒径生物质炭对土壤重金属钝化及细菌群落的影响[J].生态环境学报，2022(03)：583－592.

的变化小，水分的流失会控制土壤的收缩，生物炭含量越来越多，土壤的收缩幅度也会越来越小。压力范围为10～100kPa的是结构段，100～1000kPa的是超正常段。对照处理的结构段的收缩特征数值比1小但是和1非常接近，水分的流失会控制土壤的收缩变化。对照处理的超正常段的收缩特征数值比1大，土壤容积发生的变化比水分容积发生的变化大，说明这个时候，外来的压力和水分的散失会控制土壤的收缩变化，而且外来的压力居于主导地位。对比对照来看，粒径一样的生物炭处理，会加大生物炭的含量，结构段的收缩特征数值会变小，而超正常段则会变大。与此同时，生物炭的含量越来越多，结构段土壤的收缩程度会变小，而超正常段则会变大，土壤的收缩特征曲线的三直线段的差异越来越显著。生物炭对土壤的收缩特征的影响可能是因为生物炭的比表面积非常大，结构孔隙非常发达，能吸附土壤中的无机离子和水以及土壤的颗粒，尤其是土壤的颗粒和细小粒径的生物炭能产生微小团粒的结构，让土壤吸收水分的能力增强，变成非常多的小封闭孔隙。在伪饱和段，外来的压力比较小，存在于大孔隙中的水分会先被压缩然后散失，水分的散失会控制土壤的收缩，土壤中生物炭含量多的会有很多封闭状态的微小孔隙，土壤的收缩程度与收缩特征的数值都小。在结构段，存在于土壤的微孔隙中的水分受到压力影响会被慢慢排出去，但是因为生物炭的颗粒吸水后本身会发生膨胀，虽然并不显著，但是受到同等压力的影响，和土壤的颗粒相比，生物炭颗粒能更好地保持颗粒的体积大小而不会被压缩。在超正常段，外来压力比较突出，土壤变得更紧实，生物炭颗粒也慢慢被压缩，因此，越多生物炭含量的土壤，收缩幅度会越显著，收缩特征数值会越大。

在相同的含量下，对比粒径不一样的生物炭给土壤收缩特征带来的影响，可以发现，结构段与伪饱和段所有处理间发生的变化没有很明显的差异。由此能推断，在低压力段和中压力段对土壤的收缩变化产生影响的因素中，为了对土壤的结构予以改变，在土壤中施加粒径不一样的生物炭带来的土壤的收缩特征变化，远远没有生物炭的含量带来的变化明显。

参考文献

[1]曹海莲,田峰,蔡云帆.不同植烟土壤改良模式对烤烟产质量的影响[J].作物研究,2015(06):613—616.

[2]查道喜,汤四海.植烟土壤改良措施对土壤和烟叶产量与质量的影响[J].现代农业科技,2017(18):38—39.

[3]迟杰,邢海文,张海彤.不同粒径生物炭和微塑料共存对菲吸附的影响[J].农业环境科学学报,2022(03):616—621.

[4]邓小华,邓永晟,刘勇军.垂直深旋耕配施改土物料改良酸性土壤并提高烟草种植效益研究[J].中国烟草学报,2021(01):64—73.

[5]邓子恒.土壤改良剂对酸性植烟土壤化学性状及烤烟生长和品质的影响[M].湖南农业大学,2022.

[6]方立德.基于近红外光谱分析的气液两相流相含率检测技术研究[M].北京:冶金工业出版社,2021.

[7]方树良.土壤肥料学[M].北京:中央广播电视大学出版社,2014.

[8]冯婷婷.不同有机物料对植烟土壤特性及烤烟产质量的影响[M].郑州:河南农业大学,2021.

[9]关连珠.普通土壤学[M].北京:中国农业大学出版社,2016.

[10]胡宏祥,邹长明.环境土壤学[M].合肥:合肥工业大学出版社,2013.

[11]李光炫,石岸,张黎明.不同粒径生物质炭对土壤重金属钝化及细菌群落的影响[J].生态环境学报,2022(03):583—592.

[12]李佳轶.不同粒径生物炭对植烟土壤性状及烟株生长的影响[M].郑州:河南农业大学,2020.

[13]李亚森.多年施用生物炭对河南植烟土壤碳循环的影响[M].郑州:河南农业大学,2020.

[14]李云平. 土壤改良与配方施肥[M]. 北京:中国农业大学出版社,2015.

[15]刘翠玲,吴静珠,孙晓荣. 近红外光谱技术在食品品质检测方法中的研究[M]. 北京:机械工业出版社,2016.

[16]刘卉. 生物炭对植烟土壤理化特性及根际微生物的影响[M]. 湖南农业大学,2018.

[17]娄洁. 蔬菜秸秆生物炭制备及其改良黄瓜连作土壤的效果研究[M]. 泰安:山东农业大学,2022.

[18]苏梦迪. 高碳基肥减氮施用对丰都植烟土壤微生物多样性和烟叶品质的影响[D]. 郑州:河南农业大学,2022.

[19]孙军伟,郭慧,危月辉. 施用不同改土物料后植烟土壤理化性状动态变化[J]. 山西农业科学,2020(10):1628—1633.

[20]覃勇. 多种植烟土壤改良措施协同效应的研究[M]. 长沙:湖南农业大学,2017.

[21]涂仕华. 常用肥料使用手册(修订版)[M]. 成都:四川科学技术出版社,2014.

[22]汪建飞. 有机肥生产与施用技术[M]. 合肥:安徽大学出版社,2014.

[23]王红. 几种土壤改良剂对桃和草莓生长的影响[M]. 泰安:山东农业大学,2020.

[24]王惠. 土壤改良剂对洛宁植烟土壤改良及烟草生长的影响[D]. 洛阳:河南科技大学,2016.

[25]王敬国. 生物地球化学——物质循环与土壤过程[M]. 北京:中国农业大学出版社,2017.

[26]王新月,张敏,刘勇军. 改土物料混用对酸性土壤 pH 和烤烟生长及物质积累的影响[J]. 核农学报,2021(11):2626—2633.

[27]文曼,郑纪勇. 生物炭不同粒径及不同添加量对土壤收缩特征的影响[J]. 水土保持研究,2012(01):46—50+55.

[28]肖明礼,陈越立,林锐峰. 近红外光谱技术及应用[J]. 广东化工,2011(07):143—144.

[29]许希希.连续多年施用生物炭对植烟褐土微生态的影响[D].郑州:河南农业大学,2018.

[30]杨丽丽.玉米秸秆与绿肥腐解动态及其还田效应研究[M].长沙:湖南农业大学,2017.

[31]张斯奇.果枝生物炭的制备及其对不同原料厌氧发酵效果的影响[D].咸阳:西北农林科技大学,2022.

[32]张玉兰.不同炭化温度生物质炭对植烟土壤保肥效果研究[M].郑州:河南农业大学,2020.

[33]张志浩.生物炭基肥对三种类型植烟土壤微生物多样性及烤烟生长的影响[M].郑州:河南农业大学,2020.

[34]赵其国,黄国勤.广西红壤[M].北京:中国环境科学出版社,2014.

[35]中国土壤学会.土壤科学与生态文明(上)[M].咸阳:西北农林科技大学出版社,2016.

[36]仲崇高.农学初步[M].济南:山东科学技术出版社,2013.